职业素养与职业规划

主　编　赵振铎　岳　帅　沙文萍
副主编　张颖梅　李　刚　李　鹏　李　瑶　厉彦妮
参　编　李　捷　王　宁　丁少文　高　磊

内 容 简 介

本教材是依据职业教育人才培养目标，结合当代学生的特点精选教学内容而编写的。其任务就是引导学生树立正确的职业观念和职业理想，学会根据社会需要和自身特点进行职业生涯规划，并以此规范和调整自己的行为，为顺利就业、创业创造条件。从学生的思想实际出发，以学生的思想、道德、态度和情感的发展为线索，生动具体地对学生进行公民道德、心理品质、法制意义教育。帮助学生初步形成正确观察社会、分析问题、选择人生道路的科学人生观，逐步提高参加社会实践的能力，成为具有良好的思想素质的公民和企业受欢迎的从业者。

本书可以作为职业院校课程教材，也可供相关工作者、社会人员自学参考。

版权专有　侵权必究

图书在版编目（CIP）数据

职业素养与职业规划／赵振铎，岳帅，沙文萍主编. -- 北京：北京理工大学出版社，2024.3
ISBN 978-7-5763-3707-5

Ⅰ.①职… Ⅱ.①赵…②岳…③沙… Ⅲ.①职业道德-中等专业学校-教材②职业选择-中等专业学校-教材 Ⅳ.①B822.9②G717.38

中国国家版本馆 CIP 数据核字（2024）第 058054 号

责任编辑：李慧智	**文案编辑**：李慧智
责任校对：刘亚男	**责任印制**：施胜娟

出版发行 /	北京理工大学出版社有限责任公司
社　　址 /	北京市丰台区四合庄路 6 号
邮　　编 /	100070
电　　话 /	（010）68914026（教材售后服务热线）
	（010）68944437（课件资源服务热线）
网　　址 /	http://www.bitpress.com.cn

版 印 次 /	2024 年 3 月第 1 版第 1 次印刷
印　　刷 /	定州市新华印刷有限公司
开　　本 /	787 mm×1092 mm　1/16
印　　张 /	12.5
字　　数 /	205 千字
定　　价 /	40.00 元

图书出现印装质量问题，请拨打售后服务热线，负责调换

前言
PREFACE

  本教材是依据职业教育人才培养目标，结合当代学生的特点精选教学内容而编写的。其任务就是引导学生树立正确的职业观念和职业理想，帮助学生根据社会需要和自身特点进行职业生涯规划，并以此规范和调整自己的行为，为顺利就业、创业创造条件；从学生的思想实际出发，以学生的思想、道德、态度和情感的发展为线索，生动具体地对学生进行公民道德、心理品质、法制意识教育；帮助学生初步形成正确地观察社会、分析问题、选择人生道路的科学人生观，逐步提高参加社会实践的能力，成为具有良好思想素质的公民和受企业欢迎的从业者。

  本教材所涉及的内容和生活紧密相连，有着现实的指导性和针对性。因此，强调学生在学习中，要注意紧密联系自己的实际，力求甚解，学以致用，把书上的观点和要求自觉地运用到自己的人生实践中。本教材注重以就业与升学并重，以能力为本位，面向市场、面向社会，体现了职业教育的特点，其主要特色如下：

  1. 项目任务为引领，落实立德树人为根本，彰显职教新特色

  党的二十大报告指出："教育是国之大计、党之大计。培养什么人、怎样培养人、为谁培养人是教育的根本问题。育人的根本在于立德。全面贯彻党的教育方针，落实立德树人根本任务，培养德智体美劳全面发展的社会主义建设者和接班人。"在教材编写中，我们深入贯彻落实党的二十大精神和全国职业教育大会精神，始终把落实立德树人作为育人的根本任务，把思想政治教育工作贯穿教育教学全过程，实现全员育人、全过程育人、全方位育人。结合中职学生人才培养方案要求，深入挖掘专业课程蕴含的思想政治教育元素，发挥专

业课程承载的思想政治教育功能，引导学生坚定道路自信、理论自信、制度自信、文化自信，成为担当中华民族复兴大任的时代新人。将职业道德和职业素养有机融入教材，突出职业素养核心，将德育教育和思政教育融入课程体系中，深化爱国主义、集体主义、社会主义教育，弘扬劳动光荣、技能宝贵、创造伟大的时代风尚，弘扬精益求精的专业精神、职业精神、工匠精神和劳模精神，增强专业的认同感和自豪感。

2. 采用案例分析法

案例教学强调让学生从案例中悟出道理。这种教学方法有助于学生对知识的理解，能有效地将知识转化为能力。本教材案例丰富，针对性强。教师在课堂上进行案例教学时，可以引导学生阅读、分析归纳案例的内容，使学生从中受到启示，了解别人怎样规划职业生涯，联系实际设计自己的未来。

3. 符合技术人才成长规律和学生认知特点

本教材按照学生认知发展规律构建课程知识结构体系，目的在于提升学生学习兴趣，增强学习信心，让学生以教材为基础，读得懂、学得会、用得上；引入案例教学、项目教学，对知识重点和难点进行分解细化，真正实现学生是学习的主体，使学生从知识的被动接受者转变为知识学习的主动者。

4. 强化校企协同共建专业课程，助力"三教"改革

教材开发是职业教育"三教"改革的重要组成部分。党的二十大报告指出："深化教育领域综合改革，加强教材建设和管理，完善学校管理和教育评价体系。"本教材在编者的选择上，注重行业专家、企业骨干和一线教师相结合。作者队伍对本学科专业有比较深入的研究，既有丰富的一线教育教学经验，也深切地了解行业企业发展与用人需求，从而保证教材理论与实际紧密结合，使教材体现出实用性、系统性、科学性、创新性、前瞻性，助力职业院校教师、教材、教法"三教"改革，切实提高复合型技术技能人才培养质量，推动高水平专业和高质量教材建设。

本教材从职业教育的实际出发，形式图文并茂、编排科学合理、梯度明晰，语言浅显易懂，力求以较多的案例说明，来达到直观、简练、易懂的目的。

在本教材编写的过程中，得到了学校领导的高度重视和北京理工大学出版社的大力支持和帮助，在此表示衷心感谢。同时，编者参考了国内外大量资料和文献，在此向相关作者致以最诚挚的谢意。由于编者水平有限，书中难免有不妥和疏漏之处，恳请广大读者批评指正。各教学单位在选用本教材的同时欢迎及时提出修改意见和建议，以便再版修订时改正。

目录 CONTENTS

单元一 职业与素养的认知与解析 1
第一节 认知职业 2
第二节 解析职业素养 9

单元二 职业定位身份转变 15
第一节 自我认知与职业选择 16
第二节 身份的转变 33

单元三 职业文化素质养成 42
第一节 养成实用导向的职业知识素质 43
第二节 养成专业导向的职业技能素质 50

单元四 职业品质素质养成 57
第一节 养成价值导向的职业观念 58
第二节 养成敬业导向的职业态度 68

单元五　职业身心素质养成 ················· 76
　第一节　养成结果导向的职业思维 ············· 77
　第二节　养成成功导向的职业态度 ············· 84

单元六　职业生涯规划 ····················· 92
　第一节　走进职业生涯规划 ··················· 93
　第二节　职业生涯规划的目标与条件 ········· 104

单元七　求职与就业培训 ················· 111
　第一节　就业形势与就业准入 ··············· 112
　第二节　制作求职资料 ······················· 119
　第三节　了解面试 ··························· 127
　第四节　面试技巧 ··························· 136

单元八　团队合作 ························· 143
　第一节　融入团队氛围 ······················· 144
　第二节　增强团队责任 ······················· 156
　第三节　执行团队任务 ······················· 164

附录　创新思维　快乐成长 ··············· 172

单元一

职业与素养的认知与解析

单元引言

职业素养是人类在社会活动中需要遵守的行为规范。个体行为的总和构成了自身的职业素养，职业素养是内涵，个体行为是外在表象。

学习目标

知识目标

1. 了解职业的含义。
2. 了解职业素养的概念。
3. 理解职业、专业以及职业群的区别。
4. 明确职业素养包含的基本内容。
5. 掌握提高职业素养的方法。

能力目标

1. 能正确定位个人专业发展在职业生涯中的重要作用。
2. 能正确把握个人职业素养。

素养目标

1. 养成正确分析职业素养的习惯。
2. 确定正确的职业素养认知方向。

职业素养与职业规划

第一节 认知职业

情境导入

袁隆平（见图1-1）的人生历程是一部杂交水稻发展史。袁隆平一生有两个梦想，一个是"禾下乘凉梦"，一个是"覆盖全球梦"。这位"水稻之父"创造的奇迹备受世界瞩目。

他冲破经典遗传学观点的束缚，于1964年开始研究杂交水稻，成功选育了世界上第一个实用高产杂交水稻品种"南优2号"。杂交水稻的成果自1976年起在全国大面积推广应用，使水稻的单产和总产得以大幅提高。

图1-1 袁隆平

20多年来，他带领团队开展超级杂交稻攻关，分别于2000年、2004年、2011年、2014年实现了大面积示范每公顷10.5吨、12吨、13.5吨、15吨的目标。最新育成的第三代杂交稻"叁优一号"，2020年做双季晚稻种植平均亩①产达911.7千克，加上第二代杂交早稻亩产619.06千克，全年亩产达1 530.76千克，实现了周年亩产稻谷3 000斤②的攻关目标。

袁隆平：禾下乘凉梦

为了实现"覆盖全球梦"，他长期致力于促进杂交水稻走向世界。目前，杂交水稻已在印度、孟加拉、印度尼西亚、越南、菲律宾、美国、巴西、马达加斯加等国大面积种植，年种植面积达800万公顷，平均每公顷产量比当地优良品种高出2吨左右，造福了全世界。

思考一下：你对未来职业的规划是什么，你打算做哪一行呢？

---

① 1亩≈666.7平方米。

② 1斤=500克。

单元一 职业与素养的认知与解析

相关知识

一、认识职业

谈起职业，同学们也许并不陌生。首先你的父母、亲友，他们或是工人，或是农民，或是教师，或是医生，或是机关工作人员，或从事其他工作。他们每天奔波忙碌，辛勤工作，供你读书上学，维系着家庭的圆满和幸福。职业就是我们经常说的工作。

职业（occupation），即个人所从事的服务于社会并作为主要生活来源的工作（见图1-2）。根据中国职业规划师协会的定义：职业 = 职能 × 行业。

图1-2　各种职业的工作者

职业是人类在劳动过程中的分工现象，它体现的是劳动力与劳动资料之间的结合关系，其实也体现出劳动者之间的关系，劳动产品的交换体现的是不同职业之间的劳动交换关系。这种劳动过程中结成的人与人的关系无疑是社会性的，他们之间的劳动交换反映的是不同职业之间的等价关系，这反映了职业活动及职业劳动成果的社会属性。职业的特性如图1-3所示。

职业的特性
- 目的性：即职业以获得现金或实物报酬为目的
- 社会性：如职业是从业人员在特定的社会环境中所从事的一种与其他社会成员相互关联、相互服务的社会活动
- 稳定性：即职业在一定的历史时期内形成，并且具有较长生命周期
- 规范性：即职业必须符合国家法律和社会道德规范
- 群体性：即职业必须具有一定的从业人数

图1-3　职业的特性

想一想

1. 你选择某一个职业仅仅是为了谋生吗？

2. 下列称谓中，哪些属于职业，哪些不属于职业？请同学们在属于职业的复选框中打钩。

工人□　教师□　政治家□　婚庆主持□　保姆□　裁判员□　家庭主妇□　司机□　总经理□　航空服务□　学生□　志愿者□　私家侦探□　公务员□

二、认识职业群

（一）职业群的含义

职业群是基础知识与基本技能相通，工作内容、社会作用和从事者所需性格也较接近的一组职业。我们进入职业学校学习后，会很快发觉中职学习与初中学习存在着很大的不同。初中要求我们各门基础学科都同步发展；中职学习具有明显的技术性和职业性，学校根据市场对不同专业的需求进行了专业设置，我们只需要选择其中一个专业进行系统专一的学习。中职学校为了提高我们的基本素质，使我们未来可以适应不同岗位的要求，还特别开设了公共基础

课和公共专业课。

有了具体的专业也就有了目标和努力的方向。同学们在学校选择的专业并不意味着毕业之后一定从事该项工作。以设计专业为例，职业群主要包括产品造型设计、广告设计、人物形象设计、新媒介艺术设计、装饰艺术设计、摄影艺术专业、设计学、服装设计等8个岗位分支群体（图1-4）。

图1-4　设计专业职业群

知识链接

2022年7月，新修订的《中华人民共和国职业分类大典》颁布。其中，职业分类结构包括大类8个、中类79个、小类449个、细类（职业）1 636个。

根据中国职业规划师协会定义：职业包含10个方向（生产、加工、制造、服务、娱乐、政治、科研、教育、农业、管理）。

细化分类有90多个常见职业，如工人、农民、个体商人、公共服务、知识分子、管理、军人。

（二）职业群的分类

根据所学专业，职业群可分为横向发展和纵向发展两类。

1. 横向发展职业群

适合我们横向发展的职业群主要体现为首次就业时择业面的拓展或今后可能转岗的职业。

横向发展职业群是适合学生横向发展的职业群，如汽车维修专业群，与其相适应的工作有汽车质检师、二手车评估、保险理赔、机电维修技师、故障诊断员、钣金维修技师、美容技师、汽车营销等（见图1-5、图1-6）。

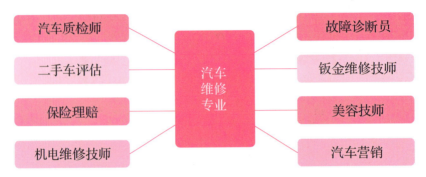

图1-5 汽车维修专业横向发展职业群

图1-6 汽车维修

理清适合自己的横向发展职业群，不但能帮助我们更深入地了解我们的专业，还能开阔我们的思路，有助于选择更适合自己的职业。

2. 纵向发展职业群

适合我们纵向发展的职业群主要体现为技术等级和职务的提升，这也是我们职业生涯有发展潜力的岗位。

图1-7将学生纵向发展的职业群罗列了出来。

图1-7 纵向发展职业群

我们可以清楚地看出，要想在一个专业领域纵向发展就必须先学习好专业知识，这样既能为首次就业做好充分准备，又能为将来的职业发展做好铺垫；同时还要有终身学习的意识，用"活到老学到老"的态度学习，在不同的发展阶段进行有针对性的学习，为未来自身职业的纵向发展做好准备。

想一想

同学们，你们学的是什么专业？这个专业的横向发展职业群与纵向发展职业群有哪些呢？根据个人专业的情况，试填入下列横线。

我的专业：＿＿＿＿＿＿＿＿＿＿＿＿＿＿＿＿＿＿
横向发展职业群：＿＿＿＿＿＿＿＿＿＿＿＿＿＿
纵向发展职业群：＿＿＿＿＿＿＿＿＿＿＿＿＿＿

实际生活中，我们每个人在未来的职业中都有横向和纵向发展的空间。所以，在学校学习时，我们就应该从所学专业出发，找到适合自己的横向和纵向发展的职业，并为之努力。

案例分析

王琳，2018年在日照某中职学校学习汽车维修专业。在此期间，他认真学完了汽车维修专业的各门课程，他的学习态度得到各科老师的一致好评。他在参加全国职业技能大赛并获得一等奖之后，取得了汽车维修技师资格，为了更好地提升自身技能，他还自学了钣金、喷涂等技能。

毕业后，王琳被学校推荐到当地的一家汽车修理公司，担任维修助理一职，主要负责汽车发动机检修。工作后，他除了高质量完成分内工作，还主动帮助其他员工的工作，如钣金、喷涂等，不久后，他就得到老板及同事们的认可，不到一年时间，就被任命为"管理主管"，月薪达 8 000 元。

想一想

王琳的故事给你怎样的启发？

拓展训练

请同学们写出表 1-1 中的专业所对应的职业群。

表 1-1　三个专业对应的职业群

专业	职业群
电子专业 	
数控专业 	
财经专业 	

单元一　职业与素养的认知与解析

第二节　解析职业素养

情境导入

胡双钱（见图1-8），中国商飞上海飞机制造有限公司数控机加车间钳工组组长，一位本领过人的飞机制造师，人称"航空手艺人"，曾获全国劳动模范、全国五一劳动奖章、上海市质量金奖等荣誉。

胡双钱读书时，技校老师是位修军机的老师傅，经验丰富、作风严谨。"学飞机制造技术是次位，学做人是首位。干活，要凭良心。"这句话对他影响颇深。从2003年参与ARJ21新支线飞机项目后，胡双钱对质量有了更高的要求。他深知ARJ21是民用飞机，承载着全国人民的期待和梦想，又是"首创"，风险和要求都高了很多。胡双钱让自己的"质量弦"绷得更紧了。不管是多么简单的加工，他都会在干活前认真核校图纸，操作时小心谨慎，加工完多次检查，力争"慢一点、稳一点、精一点、准一点"。凭借多年积累的丰富经验和对质量的执着追求，胡双钱在ARJ21新支线飞机零件制造中大胆进行工艺技术攻关创新。

图1-8　胡双钱

胡双钱：匠心筑梦的"航空手艺人"

思考一下：胡双钱被称为"航空手艺人"，是因为他的什么素质高？结合自己的专业谈一下在本专业工作中需要什么样的素质。

相关知识

一、职业素养的含义

职业素养，指的是通过学习和锻炼，在从事某种工作或完成特定职责时所具备的专业技能和道德操守的总和。

一个优秀的职业人不但要有过硬的专业技能，还要有良好的职业道德、职业作风。作为中职生，在学校学好专业技能是进入职场最基本的条件，但在学好专业知识的同时，树立正确的世界观、人生观，加强自我修养，在思想、情操、意志、体魄等方面进行自我锻炼也是至关重要的。

二、职业素养的三大核心

职业素养的三大核心如图1-9所示。

图1-9　职业素养的三大核心

（一）职业信念

"职业信念"是职业素养的核心。那么良好的职业素养包含哪些职业信念呢？应该包含良好的职业道德、正面积极的职业心态和正确的职业价值观，这是一个成功职业人必须具备的核心素养。良好的职业信念应该是由爱岗、敬业、忠诚、奉献、正面、乐观、用心、开放、合作及始终如一等这些关键词组成。

（二）职业知识技能

"职业知识技能"是做好一份职业应该具备的专业知识和能力。俗话说"三百六十行，行行出状元"，没有过硬的专业知识，没有精湛的职业技能，就无法把一件事情做好，就更不可能成为"状元"了。

所以要把一件事情做好，就必须坚持不断地关注行业的发展动态及未来的趋势走向；就要有良好的沟通协调能力，懂得上传下达、左右协调从而做到事半功倍；就要有高效的执行力。

单元一 职业与素养的认知与解析

各职业有各职业的知识技能，每个行业还有每个行业的知识技能。总之，学习提升职业知识技能是为了让我们把事情做得更好，如图1-10所示。

图1-10 提升

知识链接

研究发现：一个企业的成功30%靠战略，60%靠企业各层的执行力，只有10%是靠其他因素。中国人在世界上是出了名的"聪明而有智慧"，中国人不缺少战略家，缺少的是执行者。执行能力也是每个成功职场人必修的一种基本职业技能。

（三）职业行为习惯

职业行为习惯，就是在职场上通过长时间的学习—改变—形成，而最后变成习惯的一种职场综合素质。

信念可以调整，技能可以提升。要让正确的信念、良好的技能发挥作用就需要不断地练习、练习、再练习，直到成为习惯。

三、提升职业素养的途径

一手好技能固然重要，但能否在未来的职业发展中取得良好的成绩，职业素养的优秀与否起到了关键作用。一个人如果不能与同事和睦相处，不能按时履行好自己的岗位职责，就是满身本领也难有用武之地，所以在我们步入社会之前应做好充分的准备，培养良好的个人职业素养。提升职业素养一般从以下几点入手：

（一）接受系统的专业教育与训练

我们正在学校接受正规、系统的教育与训练，这种训练对培养良好的职业素养有着十分重要的意义。学校针对社会的需求和专业的需要制定了科学的培养方案，使同学们获得系统化的基础知识及专业知识，提升我们对专业的认识和知识的运用，并培养我们自主学习的习惯和能力。

（二）注重实践的磨炼

培养良好的职业素养是为了能更好地从事职业活动，而任何一种职业活动都需要从实际工作中得到经验，因此动手能力一直是职业教育培养的重点。为了更好地培养学生的动手能力，中等职业教育实行理论教学与实践训练相结合的模式，即学生有一部分时间在校学习理论知识，一部分时间在企业顶岗实习。经验的获取没有任何捷径可走，我们必须在实践活动中不怕苦、不怕累，通过自己切身的实践和体验，遇到问题，解决问题，克服各种不利因素，不断累积，从而增长知识，提高职业水平（见图1-11）。

图1-11 注重实践磨炼

知识链接

工匠精神是一种认真精神、敬业精神。其核心是：不仅仅把工作当作赚钱养家糊口的工具，而是树立起对职业敬畏、对工作执着、对产品负责的态度，极度注重细节。

工匠精神是一种高尚的职业素养，它是对所从事的职业负责任的态度和对技艺的追求，是用心、细心、耐心地打造每一件产品或服务的专注和热爱，是在不断发展的职业中追求卓越的信仰和行动。可以说，工匠精神是高职学生职业规划的核心，它是职业发展中必不可少的基础素质，也是实现个人职业价值和社会进步的重要保障。

案例分析

有这样一个故事。张辰、赵武两个人同时进入一家蔬菜贸易公司。三个月后，赵武很不高兴地走到总经理办公室，向总经理抱怨说："我和张辰同时来到公司，现在张辰的薪水增加了一倍，职位也上升到了部门主管。而我每天勤勤恳恳地工作，从没有迟到早退过，对上司交代的任务总是按时按量完成，从不拖沓，可是为什么我的薪水一点没有增加，职位依旧是公司的普通职员呢？"总经理没有马上回答赵武的问题，而是意味深长地对他说："这样吧，公司现在打算预订一批土豆，你先去看一下哪里有卖的，回来我再回答你的问题。"

于是，赵武走出总经理办公室，去找卖土豆的蔬菜市场。半个小时后，赵武急匆匆地来到总经理办公室，汇报说："2公里外的集农蔬菜批发中心有土豆卖。"

总经理听后问道："一共有几家卖？"赵武挠了挠头说："我刚才只看到有卖的，没注意有几家，您稍等一会儿，我再去看一下！"

说完就又急匆匆地跑出去了。20分钟后，赵武喘着粗气再次跑到总经理办公室汇报："报告总经理！一共有三家卖土豆的。"

总经理又问他："土豆的价格是多少？三家的价格都一样吗？"赵武愣了一下，又挠了挠头说："总经理，您再等一会儿，我再去问一下。"

说完，赵武就要向门外跑。这时，总经理叫住了他："你不用再去了，你去帮我把张辰叫来吧。"三分钟后，张辰和赵武一起来到总经理办公室。总经理先对赵武说："你先在这里休息一下吧！"然后又对张辰说："公司打算预订一批土豆，你去看一下哪里有卖的。"

40分钟后，张辰回来了，向总经理汇报："2公里外的集农蔬菜批发中心有三家卖土豆的。其中两家都是1.50元/斤，只有一家老头卖的是1.30元/斤。

"我看了一下他们的土豆，发现老头卖得最便宜，而且质量也最好，因为他是自己农园里种植的。如果我们需要很多的话，价格还可以更优惠一些，而且他们家有货车，可以免费送货上门。

"我已经把那老头带来了，就在公司大门外等着，要不要让他进来具体洽谈一下？"

总经理说道："不用了，你让他先回去吧！"于是，张辰出去了。

这时，总经理看着在办公室里目瞪口呆的赵武，问道："你都看到了吧！如果你是总经理，你会给谁加薪晋职呢？"赵武惭愧地低下了头，这时他也明白了自己以后应该怎样做，怎样在实践中提高自己，而不是只原地踏步。

想一想

张辰为什么薪水增加了一倍，职位也上升到了部门主管？如果是你，你会怎样去解决总经理安排的任务？

拓展训练

1. 任课老师将为提供一份你所学专业的教学计划，专业教学计划上会列出专业对应的职业群。你能找出教学计划没有列出，但确实是你所学专业对应的职业吗？可参考图1-12的格式。

图1-12 专业对应的职业群

2. 你去一家大公司面试，面试者忙着处理手头的文件，叫你先坐下，但办公室里并没有椅子。这时你会怎么办？

（1）规规矩矩地站在一旁，一直等到面试者办完事再说话。

（2）很有礼貌地对面试者说："对不起，先生，这儿并没有椅子。"

（3）先答应"好的！"，然后就手足无措地呆立在一旁。

（4）"可是这里并没有椅子啊。"勇敢地把话直截了当说出来。

（5）直接走出办公室，去找一把椅子进来。

测试结果：

（1）选择"规规矩矩地站在一旁，一直等到面试者办完事再说"：

工作当中你有很好的适应性，不做惊人的言论，领导能力较差，适合从事计算、看管等机械性的工作。

（2）选择"很有礼貌地对面试者说：'对不起，先生，这儿并没有椅子'"：

你的反应方法和一般人不一样，你虽然认真地把对方要求的不合理指出，但是你同时也考虑到对方（上司）的立场，属开拓型领导人才。

（3）选择"先答应'好的！'，然后就手足无措地呆立在一旁"：

工作中你有很好的执行力，工作细致谨慎，但应变能力较差，只适合从事文员及行政管理等内勤工作。

（4）选择"'可是这里并没有椅子啊。'勇敢地把话直截了当说出来"：

你适合做业务员和推销员，有积极的推销才能，性格坚韧，勇于向目标挑战。

（5）选择"直接走出办公室，去找一把椅子进来"：

你反应非常特殊，你的言语行为是在时代最前端的，你的猜测力很强，但会比常人多管闲事。

单元二

职业定位身份转变

单元引言

在中职学校学习的这段时间，是努力的季节，是青春绽放的季节，也是我们从学校走上社会舞台的准备季节。这段时间，我们发现职场离我们不再遥远，它在一分一秒流逝的时光里越走越近。

学习目标

知识目标

1. 了解中职生与职业人的不同。
2. 了解中职生应具备的重要职业能力。
3. 掌握培养自身职业能力的方法。

能力目标

1. 能够全面认知自我，为正确择业打下基础。
2. 具有能够自我评估与职业选择的能力。

素养目标

1. 养成正确定位自身职业的习惯。
2. 具有能正确认识身份转变、适应职业发展的素质。

职业素养与职业规划

第一节　自我认知与职业选择

情境导入

池塘里的青蛙十分向往大海，大鳖说："我带你去吧，那儿不知比这里好多少呢！"青蛙第一次见到一望无际的大海，惊叹不已，急不可待地扑进大海的怀抱，却被一个海浪打回海滩，摔得晕头转向。大鳖见状，便叫青蛙趴在自己的背上，背着它向大海游去。青蛙逐渐适应了大海，能自己游上一会儿了。过了一阵儿，青蛙渴了，但它喝不下又苦又咸的海水；它也有些饿了，却怎么也找不到一只可以吃的虫子，青蛙对大鳖说："大海的确很好，但以我的身体条件不能适应海里的生活。看来我还是要回到我的池塘里去，那里才是我的乐园。"这个故事是说：只有适合自己的，才是最好的。波涛汹涌的大海如图 2-1 所示。

图 2-1　波涛汹涌的大海

思考一下：青蛙为什么要回到原来的池塘里去？

知识链接

怎样选择适合自己的职业，对于即将离开学校面临初次就业的人是至关重要又相对困难和复杂的问题。能否选择到最适合自己的职业，取决于有哪些可以选择的职业以及怎样进行选择两方面的内容。在可以选择的职业既定的情况下，关键在于怎样来进行选择。

单元二 职业定位身份转变

相关知识

一、全面认识自我

自我认知是职业生涯规划的前置准备。在求职过程中，如果对自己的主观评价与社会对自己的客观评价趋于一致，就容易成功；如果主观评价高于社会的客观评价，往往会导致碰壁、失败；如果主观评价低于社会的客观评价，往往会导致信心不足，犹豫不决，很可能会错失良机。因此，全面认识自我是成功走向社会的必要条件（见图2-2）。我们可以用以下几种方法（非正式评估），先准确了解自身特点，以便确定切合实际的求职目标。

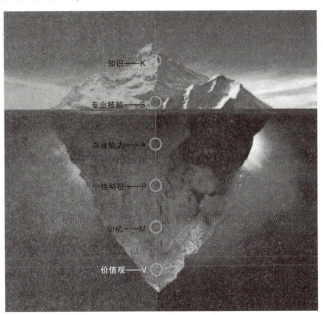

图2-2 全面认识自我

（一）可以通过自我剖析认识自己

要经常对自己的心理、行为进行剖析，使自我评价逐步接近客观实际。自负者要经常做自我批评；自卑者要看到自己的长处，增强自信心。

（二）可以通过比较来认识自己

有比较才有鉴别，事实上，人们往往是通过与别人的比较来认识自己的。

不但要注意学习成绩的比较，更要注重实际能力的比较。通过比较，可以发现自己的长处和不足，以便扬长避短。一个求职者如果不注意与共同竞争者相比较，就很难判断出自己的成功概率。

（三）可以通过咨询来了解自己

可向就业指导教师和辅导员咨询，也可征求同学、家长和熟悉自己的人的意见。长期学习、生活在一起的人对我们的言行看在眼里，印象深刻，评价会更公正、更客观。

二、了解个人的兴趣、性格、能力、价值观与职业选择的关系

一个人选择了某种职业而没有选择其他职业，有时从表面上看似乎是偶然的，但就多数情况而言，还是依据一些与职业有关的因素来进行的。人们在选择职业时要考虑的因素往往有很多。下面一起来看看职业生涯规划自我认知的方法（正式评估）。

（一）兴趣与职业选择

中学生兴趣测评量表主要帮助学生了解自己想要干什么，它更多的是强调学生的喜爱、偏好程度，是内在的，可以反映出学生趋向于某些事物而放弃了另一些事物。需要提醒的是，兴趣没有好坏之分，只有强弱之分。

美国心理学家霍兰德（见图2-3）认为，人的职业选择是其人格的反映，而个人的人格类型也就是兴趣类型。某一类型的职业通常会吸引具有相同人格特质的人，这种人格特质反映在职业上就是职业兴趣。

图2-3　霍兰德

霍兰德的职业类型理论认为，大多数人的人格类型，也就是职业兴趣可以分为六种，即现实型（R）、研究型（I）、艺术型（A）、社会型（S）、常规型（C）和管理型（E）（见图2-4）。

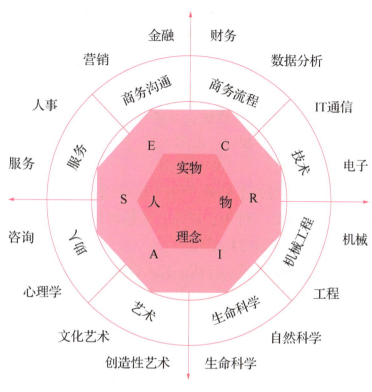

图2-4　霍兰德职业类型理论

1. 现实型（R）

特征：愿意使用工具从事操作性工作；动手能力强，做事手脚灵活，动作协调，偏好具体任务；不善言辞，做事保守，较为谦虚；缺乏社交能力，通常喜欢独立做事。

适合的职业：使用工具、机器，需要基本操作技能的工作。此类职业常要求具备机械方面的才能，一定的体力，如与物件、机器、工具、运动器材、植物、动物等相关的职业，并具备相应能力。

例如：技术性职业，包括计算机硬件人员、摄影师、制图员、机械装配工；技能性职业，包括木匠、厨师、技工、修理工、农民等。

2. 研究型（I）

特征：抽象思维能力强，求知欲强，肯动脑，善于思考；喜欢独立且富有创造性的工作；知识渊博，有学识才能，不善于领导他人；考虑问题理性，做事喜欢精确，喜欢逻辑分析和推理，喜欢不断探讨未知的领域。

适合的职业：智力的、抽象的、分析的、独立的定向任务，要求具备良好的智力或分析才能，并能将其用于观察、估测、衡量，形成理论，从而最终解决问题的工作。

例如：科学研究人员、教师、工程师、电脑编程人员、医生、系统分析员。

3. 艺术型（A）

特征：有创造力，乐于创造新颖、与众不同的成果，渴望表现自己的个性，实现自身的价值；做事理想化，追求完美，不重实际；具有一定的艺术才能和个性；善于表达，怀旧，心态较为复杂。

适合的职业：要求具备艺术修养、创造力、表达能力和良好直觉的工作，能将独特的创造力用于语言、行为、声音、颜色和形式的审美、思索和感受，并具备相应的能力。不善于事务性工作。

例如：艺术方面，包括演员、导演、艺术设计师、雕刻家、建筑师、摄影家、广告制作人；音乐方面，包括歌唱家、作曲家、乐队指挥；文学方面，包括小说家、诗人、剧作家。

4. 社会型（S）

特征：喜欢与人交往，不断结交新朋友，善言谈，愿意教导别人；关心社会问题，渴望发挥自己的社会作用，寻求广泛的人际关系，比较看重社会义务和社会道德。

适合的职业：能够不断结交新的朋友、与人打交道的工作，善于从事提供信息、启迪、帮助、培训、开发或治疗等事务。

例如：教育工作者（教师、教育行政人员）、社会工作者（咨询人员、公关人员）、律师、咨询人员、科技推广人员、医生、护士等。

5. 管理型（E）

特征：追求权力、权威和物质财富，具有领导才能；喜欢竞争，敢冒风险，有抱负；习惯以利益得失、权力、地位、金钱等来衡量做事的价值；做事有较强的目的性。

适合的职业：要求具备经营、管理、劝服、监督和领导才能，以实现机构、政治、社会及经济目标的职业，并具备相应的能力。

例如：项目经理、销售人员、营销管理人员、政府官员、企业领导、法官、律师等。

6. 常规型（C）

特征：喜欢常规的、有规则的活动，喜欢按照预先安排好的程序工作；尊重权威和规章制度，细心，有条理，习惯接受他人的指挥和领导，自己不想谋求领导职务；喜欢关注实际和细节，通常较为谨慎和保守，缺乏创造性；不喜欢冒险和竞争，富有自我牺牲精神。

适合的职业：对细节、精确度要求较高，系统条理性较强，具有记录、归档或根据特定要求组织程序数据和文字信息的职业。

例如：邮件分类、档案管理、统计、秘书、办公室人员、记事员、会计、行政助理、图书馆管理员、出纳员、打字员、投资分析员等。

知识链接

> 大多数人并非只有一种性向，比如，一个人的性向中很可能是同时包含社会性向、实际性向和调研性向这三种。霍兰德认为，这些性向越相似、相容性越强，则一个人在选择职业时所面临的内在冲突和犹豫就会越少。为了帮助描述这种情况，霍兰德建议将这六种性向分别放在一个正六边形的每一角。
>
> 员工的工作满意度与流动倾向性，取决于个体的人格特点与职业环境的匹配程度。当人格和职业相匹配时，会产生最高的满意度和最低的流动率。例如，社会型的个体应该从事社会型的工作，社会型的工作对现实型的人则可能不合适。

（二）性格与职业选择

"性格决定命运"，性格是最能体现个体差异的一个特质，心理学家把性格定义为：在现实生活中，一个人稳定的态度和习惯化的行为方式所表现出来的个性心理特征。

> 想一想
>
> 在生活中，我们常常用性格开朗、内向、稳重或木讷、暴躁来形容身边的人。但是，性格到底是什么，对我们职业和生活的选择又有怎样的影响？

梅尔斯-布瑞格斯类型指标（MBTI）是被普遍认同的测量性格类型的工具，它从精神关注的方向、收集信息的方式、决策的方式和适应方式（见图2-5）四个维度来说明性格及其对人的行为的影响。认识性格可以帮助我们了解自己的优势，从而更好地与不同偏好的人相处，找到我们最能得心应手的工作类型。

关于性格的四个维度具体介绍如下：

图2-5　关于性格的四个维度

1. 精神关注的方向：外向（E）-内向（I）

我们以自身为界，可以将世界分为自身以外的世界和自我的世界两个部分，也可称为外部世界和内部世界。外向的人倾向于将注意力和精力投注在外部世界，包括外在的人、物和环境等；而内向的人则相反，他们较为关注自我的内部状况，如内心感情、思想等。两种类型的个体在自己偏好的世界里会感觉自在、充满活力，而到相反的世界里则会不安、疲惫。

2. 收集信息的方式：感觉（S）-直觉（N）

不同类型的个体收集信息的方式不同，有感觉型与直觉型两种。面对同样的情景，感觉型和直觉型注意的中心不同，依赖的信息通道也不同。感觉型的人关注的是事实本身，注重细节；而直觉型的人注重的是基于事实的含义、关系和结论。注重细节的结果是感觉型的人擅长记忆大量事实与材料，而直觉型的人更擅长解释事实，捕捉零星的信息，分析事情的发展趋向。简言之，感觉型注意"是什么"；直觉型则更关心"可能是什么"。

3. 决策的方式：思维（T）-情感（F）

从决策的方式来分，可以分为思维型和情感型两类人。仅看这个维度的名称，同学们也许会觉得，思维型的人是理性的，而情感型的人是非理性的，事实上并非如此。两类人都有理性思考的成分，但做决定或下结论的主要依据不一样。

思维型的人比较注重依据客观事实的分析，喜欢一以贯之、一视同仁地贯彻规章制度，不太习惯根据人情因素变通，哪怕做出的决定并不令人舒服；情感型的人则常从自我价值的观念出发，能变通地贯彻规章制度，比较关注决策可能给他人带来的情绪体验，人情味较浓。

4. 适应方式：判断（J）-知觉（P）

在适应方式上，有判断型和知觉型两类人群。判断型的人目的性较强，他们一板一眼，喜欢有计划、有条理的世界，更愿意以比较有序的方式生活；知觉型的人好奇心、适应性强，他们会不断关注新的信息，喜欢变化，也会考虑许多可能的变化因素，更愿意以比较灵活、随意、开放的方式生活。16种性格类型与职业方向如图2-6所示。

图2-6　16种性格类型与职业方向

(三)能力与职业选择

20世纪80年代,美国著名发展心理学家、哈佛大学教授霍华德·加德纳博士提出多元智能理论,他指出,人类的智能是多元化的而非单一的,主要有自我认知智能、人际交流智能、语言文字智能、音乐旋律智能、空间视觉智能、数学逻辑智能、身体运动智能和自然观察智能这八种智能类型(见图2-7)。学生通过测评量表,可以了解到自身各方面智能的优势与劣势。

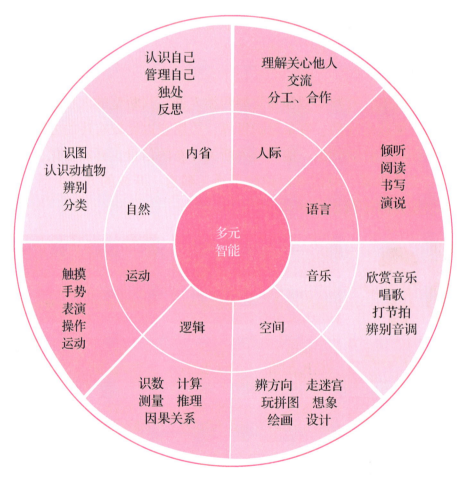

图2-7 多元智能理论示意图

1. 语言文字智能

语言文字智能是指能有效地运用口头语言或文字表达自己的思想,并灵活掌握语音、语义、语法,具备用言语思维、表达和欣赏语言深层内涵的能力,将它们结合在一起运用自如。适合的职业是:政治活动家、主持人、律师、演说家、编辑、作家、记者和教师等。

2. 数学逻辑智能

数学逻辑智能是指能有效地计算、测量、推理、归纳、分类，并进行复杂的数学运算。这项智能包括对逻辑及相关抽象概念的敏感性。适合的职业是：科学家、会计师、统计学家、工程师、电脑软件研发人员等。

3. 空间视觉智能

空间视觉智能是指能准确地感知视觉空间及周围一切事物，并能将所感觉到的以形象的画面形式表现出来。这项智能会对色彩、线条、形状、形式和空间关系很敏感。适合的职业是：室内设计师、建筑师、摄影师、画家和飞行员等。

4. 身体运动智能

身体运动智能是指善于运用整个身体来表达思想和情感，能灵巧地运用双手制作或操作物体。这项智能包括特殊的身体技巧，如平衡、协调、敏捷、力量、弹性和速度以及由触觉所引起的能力。适合的职业是：运动员、演员、舞蹈家、外科医生、宝石匠和机械师等。

5. 音乐旋律智能

音乐旋律智能是指人能够敏锐地感知音调、旋律、节奏、音色等。这项智能对节奏、音调、旋律或音色的敏感性强，与生俱来就拥有音乐的天赋，具有较高的表演、创作及思考音乐的能力。适合的职业是：歌唱家、作曲家、指挥家、音乐评论家和调琴师等。

6. 人际交流智能

人际交流智能是指能很好地理解别人，与人交往。这项智能善于察觉他人的情绪情感，体会他人的感觉感受，辨别不同人际关系的暗示以及对这些暗示做出适当反应。适合的职业是：政治家、外交家、领导者、心理咨询师、公关人员和推销人员等。

7. 自我认知智能

自我认知智能是指能够自我认识并据此做出适当行为。这项智能能够认识自己的长处和短处，意识到自己的内在爱好、情绪、意向、脾气和自尊，喜欢独立思考。适合的职业是：哲学家、政治家、思想家和心理学家等。

8. 自然观察智能

自然观察智能是指善于观察自然界中的各种事物，对物体进行辨识和分类。这项智能有着强烈的好奇心和求知欲，以及敏锐的观察能力，能了解各种事物的细微差别。适合的职业是：天文学家、生物学家、地质学家、考古学家和环境设计师等。

（四）能力与职业选择

人的能力是有差异的，即人的能力发展方向存在差异。职业可以根据工作的性质、内容和环境而划分为不同的类型，不同类型的职业对从事人员的能力要求也就不同。因而，我们应注意将自己的能力类型与职业类型吻合。"宝贝放错了地方即是废物。"相反，"废物放对了地方即是宝贝"。每个人都是有一个由多种能力组成的能力系统，在这个能力系统中，各方面的能力发展是不平衡的。所以做职业选择时，应主要考虑个人的最佳能力，选择能运用自身优势能力的职业。

（五）价值观与职业定位

价值观是指个人对客观事物（包括人、物、事）及对自己行为结果的意义、作用、效果和重要性的总体评价。它是推动并指引个人采取决定和行动的原则、标准，是个性心理结构的核心因素之一。它使人的行为带有稳定的倾向性。

工作价值观是个人价值观的反映，是个人进行职业决策的重要组成部分。如有的人认为能助人利他的职业最有价值；有的人认为从事实际操作、可以看到物质产品的工作很有成就感等。

想一想

1. 你的工作价值观是什么？
2. 仔细分析霍兰德职业类型理念中的六种类型，对照了解自己的职业兴趣。

案例分析

李蕊，毕业于酒店服务专业，如今已是当地最大的星级酒店总经理、知名企业家。初次见面，你会发现，她没有女强人的那种咄咄逼人的气势，从容随和，生动婉约，让你禁不住产生一种想法：这样一位清丽貌美的女性，理应活跃在众人注目的舞台，而不应该整天跟杯、盘、碗、碟、吃、喝、住、行打交道。她当初是怎样选择现在的行业的呢？

2010年李蕊以优异的成绩从职高毕业后，被分配到一个在当时看来是相当好的事业单位工作，但不久后单调重复的工作实在让她无法忍受，她觉得自己的追求并不在这里。一段时间后，她向单位提出了辞职，她要去寻找自己的价值。辞职后，李蕊做过商店营业员、酒店服务员、工人、推销员，也摆过地摊，开过小吃部。从小在农村长大，养成了她吃苦耐劳的性格，对于她来说，为了生计，起早贪黑、出点力气、遭点罪不算什么，最难挨的还是生意不顺。刚开始，由于掌握不好顾客需要，市场调查不充分，小饭店生意不好，赔得血本无归，但她没有打退堂鼓，在哪跌倒了就在哪爬起来，靠朋友们的接济，她又开了一家面馆。店面虽然不大，但饭菜质量好、服务周到，很快就成了附近的"名店"，生意越做越红火。

2021年，李蕊迎来了一个新的起点，她用开面馆积累的资金承包了一家酒店，担任总经理，获得成功。一路走来，李蕊经历了无数艰难和坎坷，但凭着对梦想的执着追求，对自身优势的无比自信，她最终获得了成功。图2-8为酒店服务专业学生技能训练。

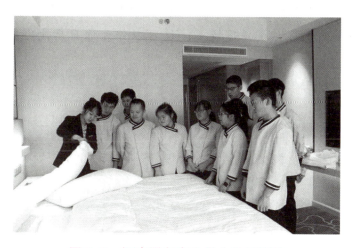

图2-8　酒店服务专业学生技能训练

你能从李蕊的故事中学到什么？

拓展训练

1. 一个人的兴趣是在他的生活实践中逐渐形成、变化发展、趋于定型的。想一想从小学、初中到职业学校阶段，你有没有特别喜欢参与的活动，有没有特别自豪的成就，有没有特别印象深刻或感到特别开心的事件，请将它们一一写出来，然后根据表2-1，分析你的兴趣。

表 2-1　兴趣测评

类型	小学阶段	初中阶段	高中阶段	你的兴趣
学习方面	喜欢语文			喜欢写作
工作方面				
休闲方面				
家庭方面				
社交方面				
自我成长				

2. 同学们有没有发现自己的兴趣在不同的成长阶段是不太一样的，想一想这些转变是怎么发生的，有没有哪些兴趣是没有改变的，再想一想是什么让你一直坚持着，请试着将你的兴趣按照霍兰德的六种生涯兴趣归类（见表2-2），看看你哪一类型的生涯兴趣较多，这可以作为你日后生涯规划的参考。

表 2-2　生涯兴趣归类

现实型	
研究型	
艺术型	
社会型	
管理型	
常规型	

3. 根据梅尔斯-布瑞格斯类型指标关于性格的四个维度，想一想自己在不同的维度方面倾向如何以及表现的强弱程度，并制定出相应的训练措施（见表2-3）。

表2-3 性格四个维度分析

性格维度（倾向）	强	中	弱	训练措施
精神关注的方向（　）				
收集信息的方式（　）				
决策的方式（　）				
适应方式（　）				

4. 心理测试：请填写下面的测试（表2-4~表2-11），看看自己哪方面的智能比较突出。

表2-4 语言文字智能

项目	很符合	不太符合	不符合	得分
1. 喜欢模仿方言	2	1	0	
2. 有写日记的习惯	2	1	0	
3. 一有时间就会捧着一本书	2	1	0	
4. 善于跟各种各样的人说话	2	1	0	
5. 总是能耐心地听别人讲述	2	1	0	
6. 写作时感到文思如泉涌	2	1	0	
7. 对外语学习很感兴趣	2	1	0	
8. 和别人意见不同时总能说服别人	2	1	0	
			总分	

表2-5 数理逻辑智能

项目	很符合	不太符合	不符合	得分
1. 对各种物品的功能都要了解得很清楚	2	1	0	
2. 有测量物体的习惯	2	1	0	
3. 喜欢做数学运算题	2	1	0	
4. 善于找出事物之间的逻辑关系	2	1	0	
5. 觉得数学公式比语言描述更容易理解	2	1	0	
6. 对什么问题都喜欢做假设	2	1	0	
7. 思考问题时能进行层层推理	2	1	0	
8. 喜欢用抽象的符号来替代语言文字	2	1	0	
			总分	

表 2-6　身体运动智能

项目	很符合	不太符合	不符合	得分
1. 喜欢摆弄物体	2	1	0	
2. 能很好地保持身体平衡	2	1	0	
3. 手眼的配合很协调	2	1	0	
4. 对穿针引线等精细活儿很在行	2	1	0	
5. 喜欢跑步打球等体育项目	2	1	0	
6. 走路时体态轻盈	2	1	0	
7. 学东西时总喜欢亲自动手	2	1	0	
8. 每天总保持一定量的运动	2	1	0	
			总分	

表 2-7　空间视觉智能

项目	很符合	不太符合	不符合	得分
1. 对各种物品的形状和颜色等很敏感	2	1	0	
2. 善于玩"走迷宫"的游戏	2	1	0	
3. 第一次去陌生地方不会搞错方向	2	1	0	
4. 能在交通拥挤的地方自如地穿梭前行	2	1	0	
5. 学习新事物时脑中会浮现图像	2	1	0	
6. 喜欢摄影或绘画	2	1	0	
7. 能设计一些图案或形状各异的物品	2	1	0	
8. 喜欢用坐标图等替代语言文字描述	2	1	0	
			总分	

单元二 职业定位身份转变

表2-8 音乐旋律智能

项目	很符合	不太符合	不符合	得分
1. 喜欢听各种各样的声音	2	1	0	
2. 每天都要有音乐陪伴	2	1	0	
3. 只要听一首曲子几遍就能哼出来	2	1	0	
4. 善于捕捉各种曲调所表达的意义	2	1	0	
5. 喜欢购置大量的音带等声像资料	2	1	0	
6. 听到不同曲子时会有很多联想	2	1	0	
7. 给出音乐片段,能说出所蕴含的意义	2	1	0	
8. 能够弹奏乐器	2	1	0	
			总分	

表2-9 人际关系智能

项目	很符合	不太符合	不符合	得分
1. 孝顺父母	2	1	0	
2. 与陌生人交谈都能有一见如故之感	2	1	0	
3. 有许多一直保持联系的朋友	2	1	0	
4. 善于同各种人打交道	2	1	0	
5. 在各种场合都是被关注的对象	2	1	0	
6. 在同事中很有号召力	2	1	0	
7. 善于揣摩别人内心想法	2	1	0	
8. 总能赢得大家的喜爱	2	1	0	
			总分	

表 2-10　自我认知智能

项目	很符合	不太符合	不符合	得分
1. 对自己有一个适度的评价	2	1	0	
2. 经常都能保持心情愉快	2	1	0	
3. 总为自己设定一个新的人生目标	2	1	0	
4. 对人生有自己独特的价值观	2	1	0	
5. 喜欢独自一人思考	2	1	0	
6. 清楚地知道自己的弱点	2	1	0	
7. 总有很高的生活热情	2	1	0	
8. 总能独当一面完成任务				
				总分

表 2-11　自然观察智能

项目	很符合	不太符合	不符合	得分
1. 对自然环境的变化很敏感	2	1	0	
2. 了解各种植物的名称和特性	2	1	0	
3. 喜欢到野外勘察	2	1	0	
4. 对生物链等问题感兴趣	2	1	0	
5. 喜欢观察星座等天文现象	2	1	0	
6. 经常收集石头或其他标本	2	1	0	
7. 总想了解动物的习性	2	1	0	
8. 喜欢到森林等纯自然的地方去旅游	2	1	0	
				总分

评分标准：

很符合为 2 分；不太符合为 1 分；不符合为 0 分。

每项智能若有 13～16 分，则说明你的这项智能发展得很好；

每项智能若有 9～12 分，则说明你的这项智能发展得较好；

每项智能若低于 9 分，则说明你在这方面要努力。

完成上面的测试，你可以对自己的智能有一个初步的了解。相信自己，一定拥有一种与众不同的才能！

单元二 职业定位身份转变

第二节 身份的转变

情境导入

晓丽从中职学校毕业后，进入一家著名外企工作，虽然薪酬高，但压力也很大。刚开始的几个月中，她一直无法适应。尤其是有一次，辛苦了一天的晓丽正准备下班，老板却让她起草一份文件，并要求在第二天下午3点之前完成任务。在这之前，晓丽已连续加班两天了，但她还是硬着头皮答应了下来。晓丽的工作能力不断提高，其敬业精神也逐渐得到了领导和同事的好评。一年后，晓丽被评为年度优秀员工。年度优秀员工奖如图2-9所示。

在总结自己的工作经验时，她说，老板没有义务原谅员工的过失，我们能做的就是拼尽全力，将工作做到最好。不管遇到什么困难，都要想办法克服它；做错之后马上改，

图2-9 年度优秀员工奖

不断总结经验教训，就会在工作中迅速成长，成为真正的职业人。

思考一下：晓丽的成长经历对你有哪些启发？

相关知识

一、做好由"学校人"到"职业人"的角色转变

（一）"学校人"和"职业人"的区别

对于我们中职生来说，就业就意味着离开校园、走向社会，开始自食其力

的职业生活。

校园和职场之间，不但环境不同、任务有别，且人群之间的关系也有质的变化。"学校人"和"职业人"在社会上是两个不同的角色，其权利、义务、规范都存在极大的差异。"学校人"（见图2-10）通过努力学习获取今后能在社会上生存、发展的能力，主要扮演着获取者的角色；"职业人"（见图2-11）通过自己的职业活动，为他人服务，为社会贡献，从而获得报酬，主要扮演着付出者的角色。

图 2-10 "学校人"

图 2-11 "职业人"

（二）塑造职业人的角色

职业学校与企业行业联系紧密，不但为我们提供了丰富多彩的课程，还为我们提供了各种各样的实习与实践机会。有些学校注重与企业文化对接，走进校园犹如走进企业，走进课堂就如走上了工作岗位。这样的环境为我们形成"职业人"的意识提供了良好的条件。

养成"职业人"的意识重点在于养成自立意识、责任意识、敬业意识。上课听讲时，观察老师的举手投足；到企业实习时，观察师傅们的一举一动；在学习活动中，主动按照企业对员工的要求严格要求自己；在日常生活中，无论是上课还是下课，都要把自己当作"职业人"来对待，做到"厚德敬业，求精图强"。日积月累，"职业人"的角色便会逐渐内化于心灵之中。

知识链接

"蘑菇定律"指的是组织或个人对待新进者的一种管理心态。因为初学者常常被置于阴暗的角落、不受重视的部门，只是做一些打杂跑腿的工作，有时还会被浇上一头大粪，受到无端的批评、指责，代人受过，组织或个人

单元二 职业定位身份转变

任其自生自灭，初学者得不到必要的指导和提携，这种情况与蘑菇的生长情景极为相似。

作为刚加入团队的新人，单位一般会做入职培训，包括企业文化、公司制度、部门业务、所用技术等各方面的培训，希望通过培训让新人尽快融入团队，担负起公司交给的工作。但是作为新人，一开始一般并不能立即胜任自己的岗位，需要有个适应期。在适应期内，新人受关注程度比较低，尤其是工作任务比较饱满、所有人比较忙碌的时候，更是无暇顾及辅导新人，或者开始只给新人做些比较简单的活儿，安排值日、打印、整理文档等辅助性工作。在这种情况下，新人会产生"大材小用"的感觉，毕竟一个学生即使是中职毕业，也是十几年的苦读，一朝毕业，需要展现自己才华的时候，却没有机会，缺乏成就感、尊重感。这就是我们遇到的"蘑菇定律"。

二、做好融入社会、企业的准备

几年的职业学校学习生活转瞬即逝，刚刚适应了学校环境的我们很快又会离开校园融入五彩斑斓的社会。我们如何才能顺利而有效地融入社会、企业呢？就需要做好融入社会、企业的准备，如图2-12所示。

图2-12 做好融入社会、企业的准备

(一)做好心理和行为的准备

没有规矩,不成方圆。社会生活总是在一定的规则下运行,不以人的意志为转移。进入社会,就要遵守社会的规则。只有在心理上真正认同了社会生活的规则,并养成遵守规则的习惯,才能很好地适应社会、融入社会。这就需要我们从小事做起,从细节抓起,形成良好的心理调适能力,养成行为规范。

想一想

其实人与人之间本来只有很小的差异,但是这种很小的差异可以造成成败的巨大差异。

这句话说明了一个什么道理?

(二)做好专业技能的准备

没有技能就不可能成为真正的职业人。进入中职学校后,技能是我们学习的重要内容之一。技能的学习不同于知识的掌握,除了需要多看、多记、多思之外,更需要多练。在职业学校学习的过程中,我们应抓住一切机会、利用一切条件,进行技能训练,以便把自己锻炼成一专多能的复合型、应用型人才。技能训练如图2-13所示。

图2-13 技能训练

想一想

你在校期间都具备了哪些专业技能?

(三)做好工作方法的准备

做事或学习的态度与方法不一样,效果也会大不一样。学会做事是中职生的重要目标之一。学会做事,需要我们树立计划意识,在学习与生活中,学会设计学习或工作计划，做到有条不紊地做事；学会科学管理自己的时间，提高做事的效率，让有限的时间产生更大的效益；学会做事的方法，用最有效的方式去做事，学会在恰当的时间用恰当的方法做恰当的事情；学会自我总结、反思与评价，总结经验，反思问题，找出改进与提升的方法。此外，要避免走弯路、做错事，就要虚心向他人请教，把他们的经验化为己有，这是提高自己做事能力的重要途径（见图2-14）。

图 2-14 工作准备

"只要是身心健康的成年人就会做事"，你赞成这种说法吗？为什么？

（四）做好身体素质的准备

健康的身体是取得职业生涯成功的基础。有了健康的身体，才能更好地学习与工作。要有健康的身体，就要养成良好的生活习惯，做到定时定量进餐、合理安排学习与休息、讲卫生、避免吸烟等不良嗜好；要加强锻炼（见图2-15），充分利用学校的体育设施，进行有益于身心的体育活动；要善于保健，掌握一定的养生知识与养生技术；要防止疾病侵袭，提高自身的免疫力。

图 2-15 锻炼身体

想一想

请完成下面的句子，并思考：如何加强身体锻炼，为未来的工作打好基础？

有好的身体，才能有_____

有好的身体，才能有_____

有好的身体，才能有_____

有好的身体，才能有_____

有好的身体，才能有_____

（五）做好为人处世的准备

提高自身的情商，是学会为人处世的重要途径。情商（EQ）是指一个人对自己情绪的把握和控制，对他人情绪的揣摩和驾驭，以及自己人生的乐观程度和面临挫折的承受能力。一个人的一生能否取得成功、是否快乐，主要取决于其情商的高低，即不仅要会做事，更要会做人。要提高自己的情商，就要从情商的五大要素入手，即要学会认识自己的情绪（自知）、妥善管理情绪（自控）、自我激励（自信）、认知他人的情绪、管理人际关系。

知识链接

职场上流行这样一句话："智商决定录用，情商决定升迁。"在现代职场上，越来越多的用人单位把求职者的情商作为录用和升迁的重要因素。有心理学家在调查研究后指出：在导致人们成功的因素中，智商只占20%，而以情商为主要内容的非智力因素则占80%。

案例分析

俞用军，铸造工程师，毕业于淮安市建筑工程学校机械专业，由学校安排，到富士和机械工业（昆山）有限公司工作，月薪近万元。他对待工作格外认真、一丝不苟。由于工作的专业性太强，工作后他发现自己学的根本不够用，于是，利用工作之余开始刻苦自学，这样一来，工作就越做越好、越做越熟、越做越有信心。不久后，他通过考试取得了铸造工程师资格证。他对事业认真负责，做事谨慎细致，考虑问题全面周到，富有锐意进取精神，有时可以为解决一个问题通宵工作，即使躺在床上也在寻思解决方案，直到问题解决为止。现在他已经是独挑大梁的复合型人才，无论是在技术、工艺、生产还是市场方面，他都有丰富的专业知识和经验。另外，他还有强烈的团队意识、优秀的管理才能和良好的协调沟通能力，于是他在团队中很快脱颖而出。

俞用军，一名从普通职业学校走出来的学生，正是由于他不懈的追求，才铸就了今天的辉煌。

想一想

俞用军具备了怎样的职业素质？

拓展训练

1. 请同学们将你自己为对职业生涯发展最重要的社会能力填写在表2-12中。再根据自己的实际情况，在强、中、弱中选一个画上"△"。然后想一想如何训练这些能力。

表2-12 职业生涯发展社会能力

重要的社会能力	强	中	弱	训练措施

2. 心理测试：在职业生涯开始前，我们先来根据心理压力量表测试一下自己属于哪个阶段。

仔细考虑下列的项目，看它究竟有多少适合你，然后将你对每一个项目的评分，根据下面这个发生频率表列出来（表2-13）。

频率得分：总是，4分；经常，3分；有时，2分；很少，1分；从未，0分。

表2-13 发生频率表

项目	频率	项目	频率
1. 我受背痛之苦		26. 我喝酒	
2. 我的睡眠时间不定且睡不安稳		27. 我很自觉	
3. 我有头痛		28. 我觉得自己像四分五裂	
4. 我腭部疼痛		29. 我的眼睛又酸又累	
5. 若须等候，我会不安		30. 我的腿或脚抽筋	
6. 我的后颈感到疼痛		31. 我的心跳过速	
7. 我比少数人更神经紧张		32. 我怕结识人	
8. 我很难入睡		33. 我手脚冰凉	
9. 我的头感到发紧		34. 我患便秘	
10. 我的胃有病		35. 我未经医师指导使用各种药物	
11. 我对自己没有信心		36. 我发现自己很容易哭	
12. 我对自己说话		37. 我消化不良	
13. 我忧虑财务问题		38. 我咬指甲	
14. 与人见面时我会窘迫		39. 我耳中有嗡嗡声	
15. 我怕发生可怕的事		40. 我小便频繁	
16. 白天我觉得累		41. 我有胃溃疡	
17. 下午我感到喉咙痛，但并非感冒		42. 我有皮肤方面的病	
18. 我心情不安，无法静坐		43. 我的喉咙很紧	
19. 我感到非常口干		44. 我有十二指肠溃疡病	
20. 我心脏有病		45. 我担心我的工作	
21. 我觉得自己不是很有用		46. 我口腔溃烂	
22. 我吸烟		47. 我为政事忧虑	
23. 我独自不舒服		48. 我呼吸浅促	
24. 我觉得不快乐		49. 总觉得胸部紧迫	
25. 我流汗		50. 我发现很难做决定	

心理压力量表说明：

93 分或以上分数的心理压力程度分析：

这个分数表示你正以极度的压力伤害自己的健康。你需要专业心理治疗师给予一些忠告，他可以帮助你消减对压力的知觉，并帮助你改良生活的品质。

82~92 分的心理压力程度分析：

这个分数表示你正经历太多的压力，这正在损害你的健康，并令你的人际关系发生问题。你的行为会伤害自己，也可能会影响其他人。因此，对你来说，学习如何减除自己的压力反应是非常必要的。你必须花很多的精力学习控制压力，也可以寻求专业的帮助。

71~81 分的心理压力程度分析：

这个分数显示你的压力程度中等，可能正开始对健康不利。你可以仔细反省自己对压力如何做出反应，并学习在压力出现时，控制自己肌肉的紧张程度，以消除生理激活反应。好老师会对你有帮助，要不然就选用适合的放松肌肉的录音。

60~70 分的心理压力程度分析：

这个分数指出你生活中的兴奋与压力的量适中。偶尔会有一段时间压力太多，但你也许有能力去享受压力，并且很快地回到平静状态，因此对你的健康并不会造成威胁。面对压力时，做一些松弛的练习是有益的。

49~59 分的心理压力程度分析：

这个分数表示你能够控制自己的压力反应，是一个相当放松的人。也许你对所遇到的各种压力，并没有视为威胁，所以你很容易与人相处，可以毫无畏惧地担任工作，也不会失去自信。

38~48 分的心理压力程度分析：

这个分数表示你对所遭遇的压力不为所动，甚至不当一回事，好像没有发生过一样。这对你的健康不会有什么负面影响，但你的生活缺乏适度的兴奋，因此趣味也就有限。

27~37 分的心理压力程度分析：

这个分数表示你的生活可能是相当沉闷的，即使刺激或有趣的事情发生了，你也很少做反应。可能你必须参与更多的社会活动或娱乐活动，以增加你的压力激活反应。

16~26 分的心理压力程度分析：

如果你的分数在这个范围内，也许意味着你的生活中所经历的压力经验不够，或是你并没有正确地分析自己。你最好更主动些，在工作、社交、娱乐等活动上多寻求些刺激。做松弛练习对你没有什么用，但找一些辅导也许会有帮助。

单元三

职业文化素质养成

单元引言

想要在职场上如鱼得水,想要在职场里无法被替代,那么,就要有熟练的职业技能,要有良好的职业文化素养。职业文化素养指我们在学校中学习锻炼得到的相关技能素养,我们可以通过认真学习获得。

学习目标

知识目标

1. 以专业为依托,认识实用的职业知识架构,了解职业技能。
2. 掌握实用导向的职业知识培养方法。
3. 掌握职业技能的养成方法。

能力目标

1. 能够构建以自身专业为依托,以实用为导向的职业知识的培养体系。
2. 能够分析以专业为导向拓展自身相关职业的技能。

素养目标

1. 养成正确的适应专业的职业文化素质。
2. 养成能够合理、正确发展个人文化素质的习惯。

单元三 职业文化素质养成

第一节 养成实用导向的职业知识素质

情境导入

何小虎（见图3-1），男，汉族，1986年11月出生，中共党员，本科学历。全国五一劳动奖章获得者，2022年"大国工匠"年度人物。现任中国航天科技集团有限公司第六研究院7103厂高级技师，第十三届全国青联委员。

2010年，何小虎以实操考核第一名毕业，进入车间工作，"满头大汗、满脸油污、浑身沙砾，鼻子里都是灰土"是对他的真实描述。经过十几年的不懈奋斗，何小虎从最初的技能选手成长为竞赛评委，2020年他担任第一届中华人民共和国职业技能竞赛国赛和省赛裁判，2021年他担任第九届全国数控技能大赛裁判。

图3-1 何小虎

现在，他可以操作10多种不同型号、不同种类的机床，从最传统的手工操作机床到公司精度最高的数控机床，甚至微米级的产品加工对于他来说都游刃有余。他共解决了75项发动机难题、获奖70项、申请专利18项、获国际发明专利1项、发表论文6篇。

何小虎：敢啃"硬骨头"的能工巧匠

思考一下：从何小虎的个人简介中你想到了什么？何小虎的知识结构从最普通的学徒工，到后来的技术能手、"大国工匠"有了哪些变化？从这个故事我们可以看出兴趣对专业和职业知识的构建有什么影响？

相关知识

一、职业知识的含义

我们常说的文化知识，是文化和知识的总称。它包括中国传统文化知识、世界文化知识、各个学术专业知识和社会各方面的知识等，而职业知识则是和职业相关的文化知识。

例如，一个优秀的导游应具备的职业知识和一名出色的会计应具备的职业知识不会完全相同。这是由两者的职业岗位所决定的。

中职生在学校的学习，需要对职业知识与专业技能双重掌握。我们的职业知识结构是怎样的？又应如何有效培养自身的职业知识呢？下面我们就来讲解。

职业知识主要分为基础文化知识、专业文化知识和专业核心知识（见图3-2）。构建完善的职业知识结构是我们进行职业素质养成的第一步。

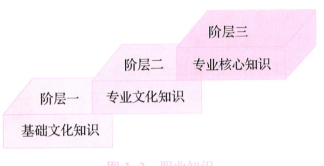

图3-2 职业知识

二、实用导向的职业知识

对于中职生来说，职业知识的养成应以"实用"为原则，即学习在工作岗位上有实际使用价值的知识。例如，对涉外导游而言历史知识是一项实用的文化知识；但同样的历史知识对会计、汽车维修工来讲只是一种通识性知识，在其工作中并不实用。

实用性是职业知识养成的基本前提。这也是我们在职业知识学习中的最基本要求。

单元三　职业文化素质养成

想一想

请你根据自己目前就读的专业，说一说哪些是本专业的职业知识。

知识链接

提到"行业"，你会想到什么？你耳熟能详的行业有多少？

国家统计局《2017年国民经济行业分类》将社会经济活动分为20个门类、97个大类、473个中类、1 382个小类。以建筑业为例，包括房屋建筑业、土木工程建筑业、建筑安装业、建筑装饰装修和其他建筑业四个大类，其中土木工程建筑业又包括8个中类和30个小类。

隔行如隔山，从行业术语、行业规则到工作内容、客户群体，不同行业间往往存在较大差异。选择行业即意味着自己需要对某一个行业产生持续关注和深入了解的动力。否则，在一个完全提不起兴趣或技能有所缺乏的行业，是做不到长期坚持与积累的。行业知识与专业知识在职场中同等重要，行业决定着往后的工作方式和工作范围，理解行业才能有效制定职业发展规划和学习行动计划。常见的社会职业如表3-1所示。

表3-1　常见的社会职业

类别	职业
脑力劳动类职业	科学研究类人员
	工程技术类人员
	经济工作类人员
	文化教育类人员
	文艺体育类人员
	医疗卫生类人员
	行政与事务类人员
	法律公安类人员
体力劳动类职业	生产工作类人员
	商业工作类人员
	服务工作类人员
	农林牧渔类人员

此外，提前确定好行业也能对求职有所帮助。学生根据选定的行业提前准备，如了解行业中主要企业的情况、行业中的主要产品等，提前获取相应的信息，不仅能为简历增色，也能在面试中掌握更多主动权，更容易取得面试官的好感。

知识链接

职业知识养成的注意事项

1. 要实现某种功能，必须有相应的某种知识结构才行。知识结构不同，功能也会不同。

2. 单有一门知识是不够的，必须有多门知识。知识面要广且要围绕某种目标。

3. 在多门知识中，哪些知识应充分掌握，哪些知识应达到精深的程度，哪些知识只要略知即可，这些应以实现功能的需要为准。

4. 职业知识不能像仓库中堆积起来的混合物，而应像一定结构组织起来的化合物。

5. 与实现所需功能无关的职业知识甚至可以不要。

6. 有些知识并不全是为了工作，有一部分也用于丰富自己的生活，例如运动、乐器等。

想一想

你最近正在读书吗？你读的书与你的专业有关吗？你想为你的专业知识阅读哪些图书呢？

你的专业：

你希望从事的职业：

你打算看的书籍：

单元三　职业文化素质养成

三、职业知识的养成方法

（一）增加自身相关专业知识

书籍是人类进步的阶梯，也是我们获得职业知识和形成职业知识架构的最直接的方法。但选择相关职业知识的书籍时一定要有所甄别，可以请老师推荐一些读物。

（二）扩大自身的职业知识面

我们常常抱怨：这个问题我不清楚，那个事件我不了解，其实很多事情之间都存在一定的关联性。罗马不是一天建成的，我们要想形成较为完善的职业知识体系，就应该随时随地做个有心人，时时关注与自己职业相关的事物。例如，汽车维修专业的学生平时从大街上看到来往的汽车，就应观察了解到现在什么品牌、什么装饰的车是大家喜欢的，什么车的市场保有量较大，各类汽车的一般外形特点，等等。

（三）间接获取相关职业知识

人们常说，一个好朋友犹如一本书，好朋友往往能给予我们很多人生营养。在生活中，有意识地提前接触一些与自己职业有关的人员，对我们个人的职业发展是相当有利的。这样不仅可以扩大人脉交际圈，还可以提前了解即将踏入的那块职业领域，这便是俗话所说的"不打无准备之仗"。

（四）创造接触相关职业的机会

我们还可以利用业余时间进行一些相关职业的社会实践。例如，会计专业的学生可以进行超市促销员的社会实践（见图3-3），旅游专业的学生可进行景点志愿者的社会实践，机电专业的学生可以到五金店进行社会实践。这些社会实践可以让我们获取对职业最直接的感受与了解，有利于我们职业知识的养成。

图 3-3　促销员社会实践

案例分析

张天硕，某中职学校 2016 级计算机网络专业的学生。他是个思想上进、爱学习、守纪律、乐于助人的好学生，五笔打字速度每分钟可达 100 多个汉字，且各门功课成绩都名列前茅。2019 年 10 月，他开始在学校实训就业办的实习单位信息栏上搜寻自己中意的单位，可是怎么看也不满意，除了文员就是打字员，做个技术人员、程序编写员那么难吗？难道我所学的专业真是没有用武之地吗？他一度心灰意冷。

当班主任了解到他的实习就业目标后，主动找他谈心，让他认识到现在就业压力大，作为一个中职生，就业首先要转变观念，此外还要正确认识自己，既不能悲观，也不要盲目乐观，要有先就业再择业的思想。

经过开导，他先签了一家大型物业管理公司办公室文员，在工作中他从头学起，认真做好每一件事，并注意观察身边的事物，学习公司中其他同事的技术。有一次，小区有一位业主到物业公司反映他家的对讲报警系统出了故障，恰好此时主管技术的工作人员又不当班，张天硕便主动向领导申请，让他去试着处理故障，这一去还真排除了故障。

这件事之后，公司领导很快就把他调到了网络监控室做技术工作，这时他感到所学的专业技术真正派上用场了，于是更加勤奋努力，现在他已成为公司的技术骨干。

单元三　职业文化素质养成

张天硕的案例给了你怎样的启发？

拓展训练

请先根据个人专业及社会调查情况，依据实用性原则，将下列知识进行分类（见表3-2）。你认为哪些知识是旅游专业需要掌握的职业知识？哪些是汽车维修专业需要掌握的职业知识？哪些是公共基础知识？请将序号填入图3-4中。

表3-2　知识列表

序号	知识	序号	知识
1	二手车评估	9	汽车钣金识图
2	汽车电气设备	10	汽车美容与装饰
3	形体训练	11	客源概况
4	英语听力与口语	12	中国历史文化
5	前厅服务	13	中国地理
6	汽车涂装技术基础	14	汽油机管理系统
7	口语交际	15	职业生涯规划
8	心算	16	实用写作

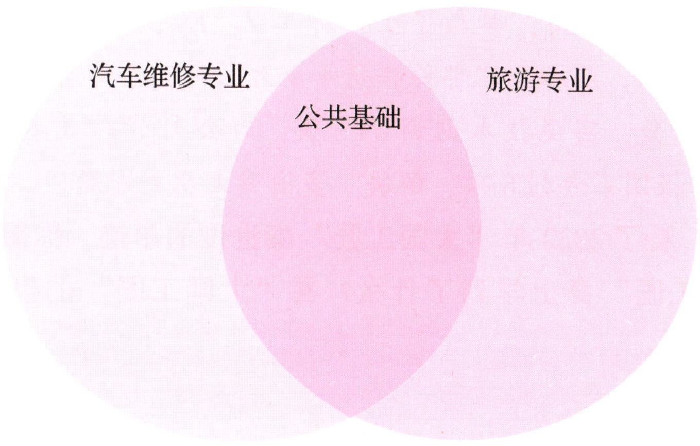

图3-4　知识分类

第二节 养成专业导向的职业技能素质

情境导入

秦世俊（见图3-5），1982年6月出生，大学本科学历，现任航空工业哈尔滨飞机工业集团有限公司数控铣工，航空工业首席技能专家，2022年"大国工匠"。

秦世俊2001年9月参加工作，一直从事直升机升力系统和起落架系统零部件研制和批产工作，率领以他名字命名的劳模创新工作室团队，共获得6项国家专利授权，创造经济效益400多万元，解决了"Z9机升力系统关键件'旋转盘'加工改进""某型机机身中段铆接重要连接件加工"等攻关课题25项，保障

图3-5　秦世俊

了亚丁湾护航、国庆阅兵、科考护航等重要项目，被授予全国和省级工人先锋号、市劳动模范集体等荣誉称号。

他钻研技术一丝不苟，参与了生产加工Z、EC、YF系列机型及新机型C919、AG600零部件科研等重大项目，累计自制工装夹具400多套，实现技术创新715项，为公司节约成本700余万元，申报国家专利8项，解决了多项重大攻关课题。

秦世俊：用奋斗的青春书写产业工人传奇

思考一下：看了2022年"大国工匠"秦世俊的事迹，你想到了什么？你从这位"大国工匠"身上学到了什么？看"大国工匠"的事迹对你有什么启发？

单元三 职业文化素质养成

相关知识

一、职业技能的含义

职业技能指就业所需的技术和能力。职业技能等级评定是按照国家规定的职业标准,通过政府授权的考核鉴定机构,对劳动者的专业知识和技能水平进行客观公正、科学规范的评价与认证的活动。职业技能证书如图3-6所示。

图3-6 职业技能证书

二、专业与职业技能

职业技能的养成与职业有着密不可分的关系。对于中职生来讲,职业的选定又是依据在校学习的专业而定的。因此中职生在养成自身职业技能的过程中,需要充分以专业为导向,以专业为依托,从专业走向职业,形成有效的职业技能养成。

不同的职业有不同的职业技能,评定标准也不同。例如,汽修专业要求对汽车修理工具深入了解并能熟练使用,汽车商务专业则要求对所售车系技术参数了如指掌,计算机硬件维护专业要求能够检修电脑故障。

三、职业技能养成的方法

面对如此众多的职业要求,我们中职生应如何培养自己的职业技能呢?一般可以从以下两点入手：

（一）全面了解

首先，对自己的专业有一个较为深入的认识与了解。例如，你可以找同专业的学长、学姐，向他们了解本专业所开设的课程或要进行哪些方面的实训实习。

其次，了解自己所学专业的相关职业。你可以到学校毕业生指导办咨询老师，了解近三年自己所在专业同学的就业去向。

最后，对该职业相关的职业群进行了解。我们可以了解下如果自己不在专业对口的工作单位就业，还有哪些选择，进而分析了解与该职业相关的职业群。职业技能进阶关系如图3-7所示。

图3-7 职业技能进阶关系

想一想

你对自己的专业了解吗？你进行了系列的专业与职业调查吗，有什么结果？

（二）实践中学习

"纸上得来终觉浅，绝知此事要躬行。"这是中职生在学校学习职业技能的真实写照。职业技能的养成一定是在实践中获得的。我们只有通过不断的学习实训、生产实习才能真正了解此工作的工艺流程及其正确的操作规范。

职业技能的养成可分为四个发展层次，其内容特点如下：

1. 职业技能入门阶段

学习本职业（专业）的基本内容，了解职业轮廓，该阶段的学习任务是进行日常或周期性的工作，包括设备、装配、制造、简单修理技术等。

2. 关联性职业技能养成阶段

中职生将对工作系统、综合性任务和复杂设备建立整体的认识。该阶段的学习任务是掌握与职业相关联的知识，了解生产流程和设备操作，思考人与人之间的关系以及技术与劳动组织之间的关系，获取初步工作经验，并开始建立职业责任感。

3. 功能性职业技能养成阶段

需要掌握与复杂工作任务相对应的功能性知识，完成非规律性的学习任务，并促进合作能力的进一步发展。该阶段学习无法简单地按照现有规则或程序进行，需要进行课本之外的拓展，并综合运用理论知识和工作经验。

4. 专业化的职业技能养成阶段

在此阶段需要培养完成不可预见结果的工作的能力、建立学科知识与工作实践的联系，并发展组织能力和研究性学习能力，即培养"实践专家"。此阶段是一个漫长的过程，需要不断实践和高度的敬业精神。

职业技能发展层次如图3-8所示。

图3-8 职业技能发展层次

四、专业化职业技能养成的原则

中职生在对自身的专业化职业技能养成过程中应遵循如图3-9所示的三个原则：

（一）确立"综合职业能力发展"为自身培养目标

专业化职业技能的养成最终目标是综合职业能力发展。

（二）应用科学的职业资格研究方法进行职业分析

职业技能的养成离不开对职业的了解，只有对职业有了了解才能更好地进行专业化职业技能养成。因此，在学校中，我们要先对自己的职业有一个大致规划。

（三）依据职业成长的逻辑规律指导个人职业技能的形成

著名学者德莱福斯等人研究发现，人的职业成长不是简单的"从不知道到知道"的知识学习和积累，而是"从完成简单工作任务到完成复杂工作任务"的能力发展过程。因此，在不断的学习过程中，我们既要完成本身知识的学习，更要在实际任务中培养自己的应变能力与实践能力。

图3-9 专业化职业技能养成原则

知识链接

我国职业资格包括专业技术人员职业资格和技能人员职业资格两类。

2021年版《国家职业资格目录》共包含72项职业资格，其中，专业技术人员59项（准入类33项，水平评价类26项），技能人员13项。

如何实施社会化职业技能等级认定？

单元三 职业文化素质养成

案例分析

李晓晨,某中等专业学校机电工程系2020级学生,新生报名时,就果断选择了智能设备运行与维护专业,性格开朗,具有良好的钻研精神,进入学校后不久经过学校统一选拔进入了校电子装配大赛小组。电子装配项目学生训练如图3-10所示。

图3-10 电子装配项目学生训练

在技能小组中,李晓晨积极学习比赛项目的相关专业知识,认识各种电子元器件,熟练使用各种仪器仪表,掌握多种电子制图、仿真、设计软件,熟练掌握电子元器件的焊接工艺,不仅能分析各种电路的功能,还能自行设计相关电路,可谓是各种能力齐头并进。

2022年,李晓晨参加全省职业院校技能大赛,夺得一等奖。

你对自己的专业学习有什么规划呢?

1. 根据自己的专业从下面两题中选一道,看看你是否具备了一些相关专业职业技能。

(1)请你为一家超市拟一次超市策划促销方案。经济类或服务类专业职业技能训练要求如表3-3所示。

职业素养与职业规划

表 3-3 经济类或服务类专业职业技能训练要求

技能目标	根据促销活动策划任务需要收集准确、完整的市场信息；提出新颖有效的促销创意；设计规范完整的促销活动方案；实施有效的促销方案；客观评价促销活动效果
学习内容	促销的概念、目的、作用、本质、形式等；促销市场信息的类型；促销市场信息收集的方式方法；促销信息整理与分析的知识与方法；促销创意的概念、创意技术、创意的方式方法
自我评价内容	信息收集的方法是否得当、准确、全面；促销是否创意新颖；评价建议是否富有影响力；设计的促销活动方案是否规范可行；是否遵守各项规章制度；以及个人克服困难的能力、创新思维能力、独立工作能力等

（2）如果你在一家4S店里接待一名客户，需要对他的汽车空调进行检测与维修（汽车类专业或机电维修类专业），请你测试自己在这方面的专业职业技能是否达标。汽车类专业或机电维修类专业职业技能训练要求如表3-4所示。

表 3-4 汽车类专业或机电维修类专业职业技能训练要求

技能目标	①能够叙述汽车空调的基本构成； ②能够解释汽车制冷系统的组成与工作原理，区别各种形式的制冷系统； ③能够运用汽车空调的工作原理，为客户提出使用和维护汽车空调的建议； ④能够在一定指导下，根据计划规范完成汽车空调的维护作业
学习内容	①汽车空调的基本组成； ②汽车制冷系统的组成、类型与工作原理； ③制冷的基础理论； ④汽车空调的使用方法； ⑤汽车空调的维护作业
工作情境描述	汽车空调维护是整车维护作业中的一个项目。汽车机电维修工根据维修前台接待工作情境描述提供的维修工单，在汽车机电维修工位，以经济的方式在规定工时内，按照专业要求完成维修汽车空调的维护，并为客户提供正确使用的建议

2. 结合个人情况，想一想自身职业技能养成可以采取哪些有效的措施，有哪些注意事项。

单元四

职业品质素质养成

单元引言

如果你是一滴水,就应滋润一寸土地;如果你是一缕阳光,就应照亮一片黑暗;如果你是一颗螺丝钉,就应坚守你的位置。这都是对职业品质最完美的诠释。职业品质是带领我们走向成功的基础,是我们成就事业的灵魂。职业品质是职业价值观的直接显现,也是爱岗敬业最有力的表达。

学习目标

知识目标

1. 了解价值观、职业价值观的含义。
2. 理解价值观的分类。
3. 了解典型消极态度及其表现形式。

能力目标

1. 能够认识到价值观对个人职业选择和发展所起到的激励作用。
2. 能够认识态度对于职业的重要性。

素养目标

1. 养成健康合理的职业价值观,能够考虑长远的人生目标,追求有意义的人生。
2. 树立正确的职业态度,培养敬业精神。

职业素养与职业规划

第一节　养成价值导向的职业观念

坚守宣纸制作古法的毛胜利

宣纸是中国造纸技术皇冠上的明珠，无数绘画杰作、书法墨宝、传世典籍、名碑拓片等，都是以宣纸为载体。宣纸为中华文化做出了不可替代的贡献。坚守宣纸的古法制作，成为造纸工匠传代的荣耀。宣纸是世界上独一无二的，没有人能替代它，也没有任何机械造的纸能替代手工宣纸。

我们称赞一个人有本领，经常会说，"这人真有两把刷子"，而就在位于宣城泾县的中国宣纸股份公司，晒纸工毛胜利（见图4-1）凭借手中的一把松针刷，"刷"出了"大国工匠"等多项荣誉称号。在宣纸公司烘纸房里的毛胜利，一身对襟白褂，手脚麻利地将一张张潮湿的纸贴在滚烫的钢板蒸汽焙上，随手拿起松

图4-1　毛胜利

针刷，刷刷几下就将宣纸熨得平平整整、服服帖帖，没有一丝折痕。稍待片刻，毛胜利用小指挑起宣纸一角，把整张纸从钢板上揭下，整套动作如行云流水、一气呵成，没有丝毫滞顿。

从业30多年来，经他之手刷了600多万张宣纸。2015年，他担任"头刷"，与团队一起成功地完成了十几米长的"三丈三"宣纸生产，做出了这项前无古人的壮举，向世界展示了中国传统制作技艺的精湛。

毛胜利：大国工匠追求纸上"极致"

思考一下：毛胜利为什么要执着于晒出最好的宣纸？从"大国工匠"毛胜利的工作经历中我们能得到什么启发？

单元四 职业品质素质养成

知识链接

选择职业，首先要明确自己的职业价值观。通常人们在做那些与自己的职业价值观相匹配的工作时，往往是感觉最快乐、最有成就感的。在日常生活中，人们对某些职业的喜好与厌恶，表示人们职业价值观的不同，而职业价值观又是人生价值观在职业上的反映。

相关知识

一、认识价值观

价值观是人们衡量个人行为与客观事物的标准。由于环境和条件不同，个体对客观事物都有自己的衡量标准，客观事物对个体来说都有主次轻重之分。有人追求名利，有人却淡泊名利，这都是价值观的展现。价值观受遗传、环境等因素影响，如民族习俗、父母言行、个人导师、周边朋友、相关职业、历史文化等都能对个体的价值观产生影响。价值观一旦形成，便具有相对的稳定性和持久性，但又会在不断的学习、生活和工作中产生变化。

价值观分多种类型，比较有代表性的分类方式有以下两种：

（一）奥尔波特（G. W. Allport）的分类

奥尔波特（见图4-2）通过调查研究，将价值观分为六类，如表4-1所示。

图4-2　奥尔波特

表 4-1　奥尔波特价值观分类

分类	内容
理论价值观	重视以批判和理性的方法寻求真理，重视科学探索，以追求真理为人生的目的，如爱因斯坦、牛顿等思想家和科学家
经济价值观	强调有效实用，生活目的是追求利润和获得财富，如创业家、商人
艺术价值观	重视外形与和谐匀称，富于想象力，追求美感，如艺术家等
社会价值观	强调对人的热爱，以奉献社会为人生追求的最高目标，如社会活动家
政治价值观	重视拥有权力和影响力，倾向于权力意识和权力享受，支配性强
宗教价值观	关心对宇宙整体的理解和体验的融合，把信仰视为人生的最高价值

当然，没有一个人是绝对属于某一种类型的。实际上，一个人并不是只具有一种类型的价值观，往往是六种类型在不同人身上有着不同的配置。奥尔波特等人发现：不同职业的人对这六种价值观的重视程度不同，从而形成不同的优先顺序，反映人们不同的价值体系（见表 4-2）。

表 4-2　不同职业的六种价值观排序

排序	牧师	采购代理商	工业工程师
1	宗教	经济	理论
2	社会	理论	政治
3	艺术	政治	经济
4	政治	宗教	艺术
5	理论	艺术	宗教
6	经济	社会	社会

（二）罗克奇（M. Rokeach）的分类

罗克奇把价值观分为两大类：终极价值观和工具价值观。他指出，终极价值观是一种期望存在的终极状态，是一个人希望通过一生而实现的目标；工具价值观是指偏爱的行为方式或实现终极价值观的手段。

罗克奇提出终极价值和工具价值各有 18 个成分，如表 4-3 所示。

表 4-3　终极价值和工具价值各有的 18 个成分

终极价值		工具价值	
舒适的生活	令人兴奋的生活	雄心大志	心胸开阔
成就感	世界和平	能干	乐观
世界美丽	平等	清洁	勇敢
家庭安全	独立自由	原谅	助人
幸福	内心和谐	诚实	有想象力
成熟的爱	国家安全	独立	聪明
愉快	节俭	有逻辑性	热爱
自尊	社会认可	顺从	谦恭
真挚友谊	睿智	负责	自我控制

我们可以把罗克奇的价值观层次因素看成表层的工具性价值观和深层的目的性价值观。前者是为了达到工作目标所采取的手段，后者表明了一种工作利益倾向。以经营者、工会成员和社区工作者为例分析其终极价值和工具价值如表 4-4 所示。

表 4-4　经营者、工会成员和社区工作者的价值观排序

经营者		工会成员		社区工作者	
终极价值	工具价值	终极价值	工具价值	终极价值	工具价值
1. 自尊	1. 诚实	1. 家庭安全	1. 负责	1. 平等	1. 诚实
2. 家庭安全	2. 负责	2. 独立自由	2. 诚实	2. 世界和平	2. 助人
3. 自由	3. 能干	3. 愉快	3. 勇敢	3. 家庭安全	3. 勇敢
4. 成就感	4. 雄心大志	4. 自尊	4. 独立	4. 自尊	4. 负责
5. 愉快	5. 独立	5. 成熟的爱	5. 能干	5. 独立自由	5. 能力

价值观是我们在生活和工作中所看重的原则、标准和品质，它指向我们一生中最重要的东西，是个体背后的深层动机，对个体的职业选择和发展起到重要的激励和影响作用。

想一想

有关"工作"的联想：

我希望我能从事的工作是……

请大家在最短的时间内尽可能地写下你想到的任何价值方面的短语。

二、形形色色的职业价值观

舒伯认为职业价值观是个人追求的与工作有关的目标，它是人生价值观在职业问题上的反映。

职业价值观指的是，无论你从事的是什么职业，都会努力地追求个人在工作中最期待获得的东西。

想一想

你在工作中想体现什么样的价值？你判断工作"好""坏"或"有价值"的标准是什么？

根据不同的划分标准，人们对职业价值观的种类划分也不同。美国心理学家洛特克在其著作《人类价值观的本质》一书中提出 13 种价值观：成就感、审美追求、挑战、健康、收入与财富、独立性、爱、家庭与人际关系、道德感、欢乐、权利、安全感、自我成长和社会交往。而我国学者阚雅玲则将职业价值观分为以下 12 类：

（一）收入与财富

以薪酬作为选择工作的重要依据，工作的目的或动力主要来源是对收入和财富的追求，并希望以此改善生活质量，显示自己的身份和地位。

（二）兴趣特长

以自己的兴趣和特长作为选择职业最重要的因素，拒绝做自己不喜欢、不擅长的工作，能够扬长避短、趋利避害、择我所爱、爱我所选，可以从工作中得到乐趣和成就感。

（三）权力地位

希望能够影响或控制他人，使他人按照自己的意思去行动；有较高的权力欲望，认为有较高的权力地位会受到他人尊重，从中可以得到较强的成就感和满足感。

（四）自由独立

希望工作能有弹性，不想受太多的约束，可以充分掌握自己的时间和行动，自由度高，不想与太多人发生工作关系，既不想治人也不想受治于人。

（五）自我成长

比较看重工作能否给予培训和锻炼的机会，希望自己的经验与阅历能够在一定的时间内得以丰富和提高。

（六）自我实现

比较看重工作能否提供平台和机会，能否使自己的专业和能力得以全面运用和施展，实现自身价值。

（七）人际关系

将工作单位的人际关系看得非常重要，渴望能在一个和谐、友好甚至被关爱的环境中工作。

（八）身心健康

希望工作能够免于危险、过度劳累、焦虑、紧张和恐惧等状况，使自己的身心健康不受影响。

（九）环境舒适

希望工作环境舒适宜人。

（十）工作稳定

工作相对稳定，不必担心经常出现裁员和辞退现象，免于经常奔波找工作。

（十一）社会需要

能够根据组织和社会的需要响应某一号召，为集体和社会做出贡献。

(十二) 追求新意

希望工作能够丰富多彩，不单调枯燥。

12 类职业价值观如图 4-3 所示。

图 4-3　12 类职业价值观

上述的 12 种情况，哪几项是你最关心的？这取决于个人职业价值观。当我们离开校园，怀着对人生的美好期待走向社会时，一定要考虑自己的性格、兴趣和能力，用正确的职业价值观取向去选择适合自己的工作。

知识链接

马斯洛的需求层次理论

美国心理学家亚伯拉罕·马斯洛于 1943 年提出"需求层次理论"。该理论将需求分为五种，像阶梯一样从低到高，按层次逐级递升，即生理需求、安全需求、社交需求、尊重需求和自我实现需求。这些需求体现在我们的生活中，即成为我们的价值观，它们具有强大的驱动力，如图 4-4 所示。

单元四　职业品质素质养成

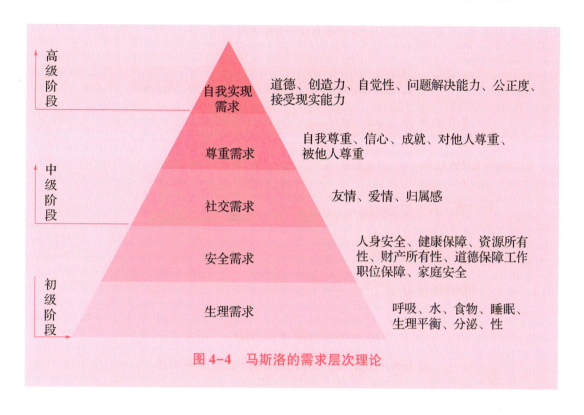

图 4-4　马斯洛的需求层次理论

三、树立正确的职业价值观

高校毕业生就业问题已经上升到了社会层面，从 2021—2022 届高校毕业生就业去向占比来看，毕业生企业就业率呈下降趋势，毕业生更倾向于通过考研、考公、考编等来提升自己的价值。2022 届高校毕业生企业就业占比为 34.21%，较 2021 届下降了 7.21 个百分点；创业占 4.25%，较 2021 届增长 0.58 个百分点；出国深造占 2.07%，较 2021 届减少 0.58 个百分点；其他占 1.12%，较 2021 届减少 0.03 个百分点（见图 4-5）。北上广深作为一线城市，一直是毕业生求职的重要选择地，也是吸纳毕业生的主要城市。但近年来，随着新一线城市的迅速发展，新兴行业逐步兴起，对人才需求量也大大增加，也为毕业生提供了新的选择。

所以，当下的社会趋势对那些喜欢动手操作、热衷技术而家庭财力有限的同学来说就是有利的。只要接受 2 年左右的职业教育，掌握一至二门技术，成为中等技术工人，就可以尽快与社会接轨并利用自己所学养活自己，这是个不错的选择，也是个人职业价值观与社会职业价值需求相契合的体现。

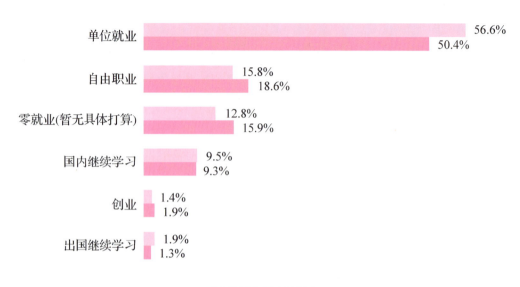

图 4-5 2021届、2022届高校毕业生去向对比

案例分析

毛宇轩，2015—2018 年就读于日照市职业技术学校中专计算机班。他从小对计算机就很感兴趣，经过一年半的学习后，毛宇轩希望在计算机很多学科分支领域中找到一个适合自己发展的方向，后来通过与老师交流、自己调研，找到了"互联网"这个分支，并开始为自己的目标奋斗，为做一名互联网产品设计师而不断努力。2018 年他考入日照市职业技术学院，成为该校校企合作班的一员。当时面临互联网的快速发展，他深知"知识就是一切"，不断朝自己的目标前进，多次获得一等奖学金，成为班级的学习榜样。2020 年年底他顺利地被日照报业传媒有限责任公司录用，真正成为一名互联网产品设计师。在工作中，他不断挑战自己，常常提出有创造性的建议和想法，得到了公司同事和领导的好评，充分体现了他的职业价值，仅一年时间就被公司破格提升为主管。互联网产品设计师如图 4-6 所示。

图 4-6 互联网产品设计师

单元四　职业品质素质养成

想一想

你规划好自己的专业发展方向了吗？应该为自己的未来做怎样的准备？

拓展训练

在工作中，一个人想获得的东西很多，但更重要的是体现自己的价值，下面我们做一个测试，让你可以大致了解自己的职业价值观念倾向。

这是一场拍卖活动，每个参与者手中都有 5 000 元（道具），它代表一个人一生的时间和精力。每个人可以根据自己对人生的理解随意竞拍表中的物品。每样物品都有底价，每次出价都以 500 元为单位，价高者得到东西（提前制作卡片，将竞拍的物品写在上面），有出价 500 元的立即成交，可竞拍的物品如图 4-7 所示。从你竞拍到的物品试分析自身的价值观。

爱情(500)	美貌(500)	豪车名宅(500)	每天都能吃美食(500)
友情(500)	礼貌(500)	良心(1000)	冒险精神(1000)
健康(1000)	名望(500)	智慧(1000)	拥有自己的图书馆(1000)
权利(1000)	长命百岁(500)	孝心(1000)	
爱心(500)	欢乐(500)	诚心(1000)	名牌大学录取通知书(500)
自由(500)	金钱(500)	聪明(1000)	

图 4-7　拓展活动"拍卖品"

第二节 养成敬业导向的职业态度

情境导入

钳工郑志明（见图4-8）是广西钳工技能智能制造方面的领军人物，从事钳工工作23年，始终奋战在生产一线，将钳工技能练得炉火纯青。他带领团队解决了许多外国专家都解决不了的汽车噪声问题。"我们一定可以攻克更多'卡脖子'技术，实现科技自立自强，自主生产更多、更好、更有竞争力的产品。"

图4-8 郑志明

郑志明：推动中国智能制造走向世界

1997年，郑志明从职高毕业，进入广西汽车集团有限公司成为一名钳工学徒。

学徒时期，他每天早出晚归，在生产一线磨炼技能。日复一日刻苦练习，他的技能已经炉火纯青。郑志明还挤出时间自学了UG三维建模技术、数控编程技术，并开始在机器人设计制造领域探索，成了自动化技术领域小有名气的"专家"。

思考一下：从爱岗敬业的郑志明身上，我们可以学到什么？

相关知识

一、态度决定一切

大多数人都渴望成功，拒绝失败。但许多人却不明白，成功离不开积极的态度，他们总是背道而驰，或目光短浅，或好高骛远，或消极悲观，于是总是与成功渐行渐远。积极的态度体现在工作上，即敬业的精神。由于人们在职业态度和职业观念上的差别，形成了职业地位和职位价值的差异。但通常情况都是那些工作态度好、努力程度高、敢于创新的人，比较容易获得较好的职位，自主权和自我实现的空间容易得到拓展，向上发展的空间和工作机会多。而那些态度不好，工作不努力，积极性、主动性较差的员工则容易被竞争淘汰，在前进的道路上常会遇到发展的障碍，自己又不能突破，最终要么在低层次徘徊，要么离开组织或被组织遗弃，职业发展过程最终呈曲线下降趋势。图4-9对职场人有很好的警示作用。

图4-9 态度决定一切

二、端正职业态度

职业态度指一个人对职业所持有的观念，主要包括工作取向、选择方法、独立决策能力和选择过程的观念。

个人职业态度对其选择职业有着非常大的影响，职业态度不同，其结果也截然不同。

职业态度明确且正确的员工，在选择职业时往往表现得谨慎、积极，总能够把握时机，正确抉择，而职业态度不正确或不健全的员工，则会在职业选择中表现得不负责任、草率、缺乏积极性等，也就会错失良机。

可见，职业态度对员工职业发展的重要性。培养和建立良好的职业态度，是保证职业良好发展的重要前提之一。

（一）摒弃消极的职业态度

在我们身边，很多人或多或少都有一些消极的心态。一个人一旦被消极的职业心态所支配，他对事情永远都会找到消极的解释，并且总能为自己找到抱怨的借口，最终得到消极的结果。接下来，消极的结果又会逆向强化他消极的情绪，从而又使他成为更加消极的人。消极心态的人总是在关键时刻怀疑自己，并将自己的消极情绪传染给他人；消极心态的人永远悲观失望，抱怨他人与环境；消极心态的人常常自我设限，让自己本身蕴藏的潜能无法发挥，整天生活在负面情绪当中，不能享受人生固有的乐趣。

具体来说，影响我们职业态度的消极心态主要有以下七个方面：

1. 浮躁

"浮"指性情飘浮，不能深入，浮光掠影，不踏实；"躁"指脾气急躁，自以为是，骄傲自满。

"非宁静无以致远，非淡泊无以明志。"浮躁心理的存在必然对一个人的职业生涯产生严重的不良后果，浮而不实使知识与工作技能无法提高，仅局限于表面，以至于业绩平庸或无法有效地履行职业责任。

2. 消极抱怨

成功人士与失败者的差异是：成功者将挫折、困难归因于个人能力、经验的不完善，他们总是乐于不断向好的方向改进和发展；而失败者则怪罪于机遇、环境的不公，强调外在、不可控制的因素造就了他们的人生位置，他们总是抱怨、等待与放弃。

消极抱怨不仅导致自己整日生活在灰色的哀怨、萎靡之中，也让身边的团队和朋友、家人深受其害。

想一想

很多人都消极地抱怨说自己运气不好，没有遇到好机会，实际上机会无处不在，关键在于你是否善于发现并利用它。想一想在你的人生中，你错过了哪些机会？在今后的生活中，又该怎么样把握机会呢？

3. 斤斤计较

计较本身并没有什么过错，人应该为自己的利益计算清楚，不会算计自己利益的人也就没有办法生存。这里讲的计较是指过分地计较，过于算计自己的得失。

斤斤计较的人，计较了眼前，失去了长远；计较了现在，失去了未来；计较了薪酬，失去了能力；计较了自己，失去了别人。斤斤计较地过一生，反而是一无所获的一生。

4. 投机取巧

投机取巧的人希望取得卓越的绩效，但不愿意付出相应的努力；希望到达辉煌的巅峰，却不愿意经过艰难的道路；他们渴望取得胜利，却不愿意做出牺牲。

5. 好高骛远

拿破仑有句话："不想当将军的士兵不是好士兵。"这句话有一定的道理。士兵有雄心壮志是走向将军的首要条件。但在当下，很多人在职业道路上自我期望过高，有的甚至严重偏离实际，于是出现眼高手低、好高骛远的情况。

6. 打工心态

打工心态的心理起点是把自己定位成一个"受害者"角色，把公司和老板当成剥削者。打工心态容易让人自我麻醉、推脱责任、消极懈怠。打工心态将造成员工个人、家庭、所在企业多输的结果。在这种多输的局面中，输得最惨的是"打工者"本人，企业、老板输掉的可能只是一些金钱而已，而"打工者"本人输掉的却是他们本来应有的精彩和卓越的人生。

7. 冷漠麻木

一些人在社会上或工作中碰了几次钉子以后，便心灰意冷起来，自以为看破了"红尘"，看透了人生，热情消失了，兴趣没有了，对一切表现得很漠然。这种冷漠心态对职业发展有着极大的危害。

（二）树立正确的职业态度

工作在我们的生活中占据了很重要的位置，正如享有崇高声誉的奥地利心理分析专家威廉·赖克所说："爱工作和知识是我们的幸福之源，也是支配我们生活的力量。"我们要在工作与生活中认真权衡把握，如果我们仅把工作作为一种谋生手段，那么，我们就不会去重视它、热爱它；而当我们将它视作深化、拓宽自身阅历的途径时，我们就会从心里重视它。工作带给我们的将远远超出其本身的内涵。工作不仅是生存的需要，也是实现人生价值的需要，一个人总不能无所事事地度过一生，应该试着把自己的爱好与所从事的工作结合起来，不管做什么，都要从中找到快乐，并真心热爱所做的事。

树立正确的职业态度，就要克服消极的工作态度，方法如下：

1. 自我激励

我们的进取心，只要坚持不懈地培养和扶植，就会发芽、成长直至结果。

正面的自我激励有两个来源：第一是自我预期的价值观和世界观；第二是在所有最重要的动机中，我们意识到恐惧具有毁灭性，而欲望导向成就、成功和快乐。心中有这样的想法之后，我们就会将思考专注于成功的奖赏，并且主动调整对失败的恐惧。

2. 享受过程

孔子说："知之者不如好之者，好之者不如乐之者。"当然，他这是讲学习，其实何止是学习呢？我们做任何事情，要把它做好，其过程都会非常痛苦，我们常常很难坚持下去。即使能坚持下去，结果并不一定是完美的。所以我们应学会享受整个追求的过程，只有享受这个过程才能把事情做好、做完美。

会享受过程的人是智者。他们知道怎样从小事中获得乐趣，知道怎样从最平常的事物中提炼智慧，知道以乐观战胜挫折，知道如何将痛苦转化为有益的经验教训。

3. 心怀感恩

《三字经》里有这样一句："香九龄，能温席。孝于亲，所当执。"说的是汉代人黄香，从小对父母很孝顺，夏日炎热，其父无法入睡，他就准备扇子、凉枕席给父亲用；冬天寒冷，他就先用身体暖热被褥，再让父亲上床休息。黄香回报父母的养育之恩，体现了一颗感恩的心。其实，在生活中，需要感恩的地方很多：师长的传道授业，朋友的悉心关照，素昧平生的人无私援助，乃至社会提供的良好生存环境和发展机遇……感恩，是做人的道德，是生活的大智慧。

4. 懂得变通

常有人一面抱怨人生的路越走越窄，看不到成功的希望，一面又因循守旧、不思改变，习惯在老路上继续走下去。其实，"天生我材必有用"，适时适当地调整自己的目标，改变一下思维的方式，说不定就会出现"柳暗花明又一村"的无限风光。

5. 乐观自信

只有乐观的人才能自信，只有自信的人才能在工作中不畏首畏尾，尽情发挥自己所长。

自信不是孤芳自赏，也不是得意忘形，而是激励自己奋发进取的一种心理素质，是高昂的斗志，是充沛的干劲，是迎接生活的一种乐观情绪，更是战胜自己、告别自卑、摆脱烦恼的一剂良药。

6. 保持自律

"自律，是解决人生懒惰问题的首要工具，也是消除人生痛苦的重要手段"，唯有自律，才是解决人生痛苦的根本途径。

增强自律能力才能成为新时代的高素质人才，要培养高尚的道德情操、良好的个人心理品质，必须注重自身的修养，严格自律。自律的表现——自爱、自省、自控。

无论前面的路怎么曲折，笑对生活，保持积极的年轻心态，生活就会好！

三、敬业，最完美的职业态度

朱熹说："敬业者，专心致志以事其业也。"即用一种恭敬、严肃的态度对待自己的工作，认真负责，一心一意，任劳任怨，精益求精。敬业是做好本职工作的重要前提和可靠保障，也是职业道德的崇高表现。一个没有敬业态度的人，即使有能力也不会得到人们的尊重，被人们接受；相反，能力相对较弱但具有敬业态度的人却总能找到发挥才干的舞台，并逐步实现自身的价值。敬业主要体现在以下几个方面：

（一）乐其业

对工作怀有激情，始终保持良好的精神状态，把承受挫折、克服困难当作对自己人生的挑战和考验，在克服困难、解决问题中提升能力和水平，在履行职责中实现自身的价值，在对事业的执着追求中享受工作带来的愉悦和乐趣。

（二）尽其职

尽量将每件事都做到极致，拒绝"不求有功，但求无过"的平庸态度。实际生活中，不是每个人的工作都轰轰烈烈、惊天动地，绝大部分人每天都在做一些平常的事。因为平凡，有人就会觉得没价值，其实任何工作都能创造价值，关键在于自身能否超越自己及别人的期望，在现有的基础上不断超越，把平常的事做好就是不平凡。

（三）负其责

一个职业人的工作质量在很大程度上取决于他的责任感。这种责任感不是一时的，而是持续的。在日常工作中，有时候我们会被自己的惰性、消极想法影响，在工作中懈怠，无所适从，有时甚至完全忘记自己的责任所在，所以只有时时刻刻意识到责任的人才能认真而有成效地工作。

（四）精其术

不拘泥于以往的经验，不照搬别人的做法，力求做得更好，努力成为本行业的行家。

（五）竭其力

对待事业要有愚公移山的意志，要有吃苦耐劳的精神，着眼于大局，立足于小事，努力在平凡的岗位上做出不平凡的业绩。演艺圈里有一句话，"没有小角色，只有小演员"。无论角色大小，都要全力以赴去表演，只有表演好了才能获得成功，如果以一种无所谓的态度去演，那么无论给他何种角色，他都不会演好。把任何一个小角色演好了，都是大演员。所以无论做什么工作都必须全力以赴地做好。

知识链接

2012年11月，党的十八大提出了"富强，民主，文明，和谐，自由，平等，公平，法治，爱国，敬业，诚信，友善"的24字社会主义核心价值观。

敬业是中华民族的传统美德。《礼记》讲人成长时要"一年视离经辨志，三年视敬业乐群"，认为青年学习要达到的第二个阶段就是要学会敬业。时至今日，在当代社会，热爱与敬重自己的工作和事业，已经成为职业道德的灵魂，是公民应当遵循的基本价值规范之一。

爱岗敬业体现的是公民热爱、珍视自己的职业，勤勉努力，尽职尽责的道德操守。任何一个社会的发展，都是以其成员勤奋工作、创造价值为前提的。因此所有朝气蓬勃的社会，都把敬业作为核心价值加以强调，将之作为对自己成员的基本要求。

单元四 职业品质素质养成

案例分析

赵靓涵，山东省某职业中专 2020 级财经班班长，她为人淳朴，乐于助人，刻苦学习，品学兼优。入校以来，在老师的指导帮助和自己的努力下，不断进步，多次获得各种荣誉和表彰，成为一名个性鲜明、全面发展的优秀学生。

赵靓涵热爱祖国、热爱集体，具有较强的集体荣誉感、良好的心理素质与优秀的思想品质，由于表现突出，被评为市"三好学生"。

她学习态度端正，学习目标明确，勤学苦练，刻苦钻研会计专业知识，入学以来学习成绩一直名列前茅，多次获得校奖学金，在学校举行的专业技能考核中，荣获二等奖，2022 年 11 月她代表学校参加市中职学生技能竞赛，荣获会计实务专业一等奖。在自己取得进步的同时，她还能热心帮助身边的同学，解答疑问，互相学习，共同进步。

她先后担任女生委员和班长，工作积极主动，认真负责，善于与同学沟通。她多次组织同学参加校内外活动，如环保宣传活动、学雷锋活动等，表现出很强的组织能力与领导能力，取得了良好的活动效果。在班级管理中，她大胆管理，能及时发现问题、解决问题，向班主任提出合理建议，是老师的得力助手。在她的带领下，她所在的班级班风良好、学风浓郁，多次被学校评为流动红旗班和文明班。

来自农村的她生活朴素节俭，秉承了父母勤劳、善良的品质，她又是一个性格开朗、乐于助人的人，在学校建立了良好的人际关系。她能够恰当处理同学间的矛盾，具有积极向上的生活态度，不但能够真诚地指出同学的缺点，也能够正确对待同学的批评和意见，具有良好的群众基础。

总之，赵靓涵思想上进，学习勤奋，工作认真，生活朴素，乐于助人，是一名全面发展的优秀中职学生。她自信能凭自己的能力与学识在以后的工作和生活中克服各种困难，不断实现人生的自我价值和职业理想。

 想一想

你可以从哪些方面向赵靓涵看齐？

 拓展训练

收集资料，准备一场关于职业态度的辩论赛。
辩论方、辩论观点：
正方：爱一行，干一行；反方：干一行，爱一行。

单元五

职业身心素质养成

单元引言

憧憬是我们思考未来的一种方式，我们想象自己会是办公室的"白骨精"，我们想象自己是叱咤风云的业务精英。可是，理想和现实总是一个丰满，一个骨感。天道酬勤，每一分收获都离不开背后的付出，每一个成功都有某些必备的原因。

学习目标

知识目标

1. 了解结果导向的职业思维。
2. 理解以成功为导向的职业心理。

能力目标

1. 能够正确理解结果思维的重要性。
2. 能够根据专业需要，制定阶段性任务。

素养目标

1. 养成良好的对待成功的心态。
2. 养成以结果为导向的思维方式。

单元五 职业身心素质养成

第一节 养成结果导向的职业思维

情境导入

成卫东（见图5-1），男，汉族，1979年出生，中共党员，大专文化，是滨海新区最年轻的高级技师，全国劳动模范，2022年"大国工匠年度人物"。

成卫东是土生土长的天津人。从技校学生到码头工人，从拖车司机到海河工匠，从"单打独斗"到成立劳模工作室，他用23年的时间，在平凡岗位上不断推陈出新，屡次打破港口操作纪录，带领团队创造出了非凡的价值，用青春与汗水唱响了新时代港口码头工人的劳动之歌。

图5-1 成卫东

他致力于技术创新攻坚，总结出的拖车"快""准""稳"工作法，大大提高了港口作业效率。他带领开展的QYC80牵引车机油尺总成改造、哈工牵引车转向球销改进、轮胎分解装置、牵引车驾驶室防尘装置、LNG牵引车燃气供给装置等技术创新达150余项，为企业创造了巨额经济效益，其中38项获国家实用新型专利。

成卫东：匠心于行的新时代港口产业工人

以他名字命名的"成卫东劳模创新工作室"，主攻技术创新，打造集复合型职工实训教育基地、技术创新攻坚研发基地、高技能人才培育孵化基地、众智空间成果转化基地于一体的"四合一"典型引领综合示范基地，每年为天津港员工进行技能培训60余次，开展座谈研讨、比武竞赛近百次，为企业培养了一批"倒车王""修车王""安全王""高产王"等王牌技术骨干。

思考一下：从成卫东的事迹中，你想到了什么？如果你是老板，在选拔人才时，你会用新人还是有工作经验的人？看到别人的奋斗过程和成就你有何感想？

相关知识

一、树立结果思维

结果是什么？结果是事物发展的最终状态。客户之所以付钱，是因为得到了他想得到的有价值的产品或服务。你如何辛苦并不重要，重要的是你是否提供了客户所需要的价值，一种可以交换的价值。

企业之所以付你薪水，是因为你提供了企业所需要的结果。"功劳重于苦劳，结果重于过程"，企业不是看你如何辛苦，而是看你是否提供或创造了企业所要的结果或价值。例如，你属于研发部的，就要为公司研制出新产品；你属于销售部的，就要为公司创造业绩（图5-2）。反之，任何没有达到企业所要的最终结果的行为都是毫无价值的。结果就是检验员工工作的标准。

图5-2　研发工作者

想一想

无论是企业还是个人，如果不追求结果会怎么样？试从以下几方面进行分析。

企业不追求结果：会丧失执行力，短期亏损，长期致命。

个人不追求结果：得不到成长，不能给公司创造价值，不能持续获得薪酬。

二、培养结果心态

心态决定行动,行动带来结果。如果我们想获得一个理想的结果,那么就需要有一个指导我们达成结果的"结果心态",如图5-3所示。

图5-3 心态决定人生的高度

结果心态是指面对结果,我们不仅要抱着完成任务的心态,更要抱着一定要取得最佳结果的心态;面对任务,我们不仅要尽力而为,更要不达目的誓不罢休。

三、执行是有结果的行动

执行力是企业工作的生命力,是企业的核心竞争力。执行是有结果的行动,是通过某种手段来创造价值的行为,具有可衡量性,没有创造价值的执行是无效的。

执行力的衡量标准即是否执行到位。如挖井的目的是挖出可用的水源,如果上司要你挖井,结果你挖了几个坑,那么无论你多累,都是徒劳无功的,因为这不是上司要的结果。公司的客服人员每天给客户打电话,但没有解决客户的问题,这不能算是执行,只能说是客户服务流于形式;公司的管理人员每天按照上级指示,把工作任务下达给下属,而下属却不知道如何操作,这也不能算是执行,只能说管理流于形式。

执行是有结果的行动。客服人员解决客户实际问题、让客户满意是有结果的执行,管理人员让员工高效工作并创造价值是有结果的执行。如果执行只注重过程,只是走程序,企业却得不到结果,那么,势必会影响企业的生存与发展,如图 5-4 所示。

图 5-4 赢在执行力

想一想

为什么会出现下面的现象

①公司的规章制度定了很多,但就是执行不下去,就算执行了也达不到预期效果,老总很无奈,人力资源很无辜。

②管理层认为基层素质差,他们苦口婆心基层人员还是做不出令人满意的结果;基层认为中层很麻木,根本不知道他们想要什么。

③决策提出来了,一旦要实施就有无数聪明人纷纷上来提议用另外的方法肯定会更好……结果一改再改,变成了无人实施的决策。

④部门之间相互推诿,一旦有问题出现,都觉得是别人的错误。

⑤看起来大家工作都很努力,但工作效率还是很低。

⑥老板一天到晚忙得团团转,员工却有时间看报喝茶。

四、对结果负责,用价值说话

对结果负责,体现在企业追求效率,个人超越自我。如业务单位凭业绩和效益说话,才能形成良好的工作氛围和人才环境,才能使企业不断前进,才能使公司在市场竞争中站稳脚跟并日益壮大。

完美固然重要,但结果更重要,没有结果导向,再完美的制度也不完美。企业需要绩效、需要结果,才能得以生存;员工需要实现价值,需要相当的薪酬才能维持生活。

五、积极思维，创造结果

用积极思维、正向思维引导自己去执行，创造有价值的结果通常有以下四种方法（见图 5-5）：

（1）打造积极的心态，创建外包思维，想客户所想，以达成客户满意的工作结果为目标。

（2）明确的结果定义，结果是满足客户要求的价值产出，不做无价值的劳作。

（3）以结果为导向，精心准备，制定行动措施。

（4）在关键点进行阶段性结果检查，及时汇报，高效执行。

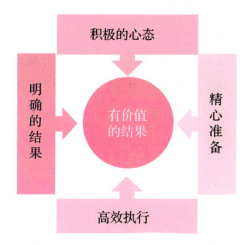

图 5-5　有价值的结果的四种方法

知识链接

结果导向是很多跨国公司评价人才素质的关键性因素。结果导向有以下几层含义：

（1）以达到目标为原则，不为困难所阻挠。

（2）以完成结果为标准，没有理由和借口。

（3）在目标面前没有体谅和同情可言，结果只有一个：是或者非。

（4）管理不讲情，对部下的体谅最后不过是迁就而已。

（5）在结果导向面前，不能轻易放弃，因为放弃就意味着投降。

（6）不要有思想障碍，说"我做不到"。

结果导向的意义：

1. 超越个人的权力局限

结果导向不只是一种观念，更主要的是它会提供给你一种解决棘手问题的方法，它可以让你超越个人的权力局限。很多管理者往往会受到自己岗位权力的局限，致使对很多事情都是既不敢想，又不敢做。

2. 克服思维困惑

管理者习惯了以结果为工作导向，面对一项令他感到困难的工作时，他首先想到的是结果还没出来，绝对不能自我放弃。所以，他努力追求结果，拼命攻关，对他来说，先决定攻关是第一步，等待结果只是第二步。这样做往往会得到成功，从而也能有效减少个人的思维困惑。

3. 直接切入问题核心

结果导向在日常生活中会让很多人直接切入问题的核心。中国有一句话叫"头痛医头，脚痛医脚"。这句话往往是作为贬义语来使用的，实际上它代表一个问题的两个方面：一方面讲套路，另一方面讲结果导向——要处理当前的问题。

案例分析

每逢节假日，铁路客运就非常紧张，旅游旺季更是如此。北京某公司要派10个人去青岛参加一个展会，根据展会要求，参加展会的人员必须在"五一"当天赶到会场。4月27日（"五一"国际劳动节火车票预售的第一天）一大早，公司就派小刘去火车站买车票。小刘早上6点就去了火车站，没想到，虽然来得很早，但售票处早已排起了长龙。下午，小刘满头大汗地回来了，说："售票处人太多了，我挤了半天，排了几个小时才轮到我，但是等我到窗口时所有的火车票，包括软卧、硬卧、硬座都卖完了，没办法，我只好回来了。"再细问原因或有没有别的办法时，小刘就什么都不知道了。老板非常生气，将小刘训了一顿，说他真不会办事。小刘感到很委屈，心想，我辛苦了一天，的确是没票了，为什么还要怨我？

公司又派小张去买票，他回来后，回答说："火车票确实卖完了，但我想到了一些其他方法，请老板决策：①买高价票，每张要多花100元，现有15张。②托朋友找关系，可将10人都送上车，但晚上没地方休息。③中途转火车。北京到济南有 N 趟，出发时间和到达时间分别是……济南到青岛有 N 趟，出发时间和到达时间分别是……④坐飞机。××日有 N 班飞机，时间分别是……⑤乘汽车。包车费用是××元；乘豪华大巴每天有 N 次，时间分别是……票价是××元。"

看到小张递过来的 N 种方案，老板很快选定了其中一种方案，并对小张进行了表扬。

 想一想

小刘和小张处理事情的差距在哪里？你从案例中受到怎样的启发？

拓展训练

一只热气球（见图5-6）上载了四位科学家，这时热气球燃料不足，即将坠毁，必须放下一个人减轻载重，其他三个人才能获救。这时四位科学家讨论开了：

医学家说："今年研究艾滋病的治疗方案，我已取得突破性进展。"

宇航员说："我即将远征火星，寻找适合人类居住的新星球。"

核专家说："我有能力防止全球性核战争，使地球免遭灭亡的绝境。"

粮食专家说："我能运用专业知识，成功在不毛之地种出粮食，使几千万人脱离饥荒。"

请你运用结果导向思维思考一下应该丢下哪一位科学家，并说出你的理由。

我的理由：

图5-6　热气球

职业素养与职业规划

第二节 养成成功导向的职业态度

情境导入

母永奇（见图 5-7），男，汉族，1985 年 9 月出生，中共党员，本科学历，现任中国中铁隧道局隧道股份有限公司盾构主司机、隧道工高级技师，2022 年"大国工匠年度人物"。作为"大国重器"盾构机的主司机，他常年驾驶着"钢铁巨龙"穿梭在隧道建设第一线，以过硬技术做到了"遁地穿山、翻江过海"。他带领青年团队成立"母永奇盾构机操作技能大师工作室"，获

图 5-7 母永奇

创新成果 34 项，他主持的全断面砂岩地层大直径泥水平衡盾构常压刀盘、刀具适应性研究项目，使我国盾构掘进相关技术跃入国际领跑行列。

母永奇：大地深处追光而行

对母永奇来说，职业生涯首个重要节点在 2014 年，他参加了河南省产业系统职工技能竞赛暨中铁隧道集团第八届职工技术比武盾构操作工比武，获得第一名。这让他觉得努力没白费。也是在比赛中，他从同行那里学到两个好习惯，每掘进一环，就要查看渣土状态、巡查设备情况。前者是了解地层变化，以便提前调整操作技术；后者是为避免设备故障。

这些习惯影响着母永奇的渣土改良、姿态控制、紧急情况应急操作等方面技术的提升。这些技术掌握不好，可能造成机器损坏、地表沉降塌方、隧道轴线偏离等后果。"我的技术水平都很高。"母永奇语气坚定自信。

思考一下：大国工匠母永奇的职业生涯重要节点让我们明白了什么道理？你的成长过程中有哪些重要节点，由此你想到了什么？

单元五 职业身心素质养成

相关知识

一、树立成功的梦想

每一个成功的人都有伟大的梦想，梦想的伟大是因为实现的艰难，艰难的实现离不开坚定的信念、一定要成功的信念。"想成功"与"一定要成功"往往相差甚远。当你"想成功"的时候，还不足以调动你内在的力量，而当你"一定要成功"的时候，就会有强烈的成功欲望，会全神贯注地调动你全部的力量，排除一切干扰，始终保持旺盛的行动力，向着明确的目标迈进。在成功的道路上，人人都会遇到困难，克服每一个困难都需要顽强的毅力与恒心，而顽强的毅力与恒心又必须有强大的意愿和强烈的企图才能维持。成功金字塔如图5-8所示。

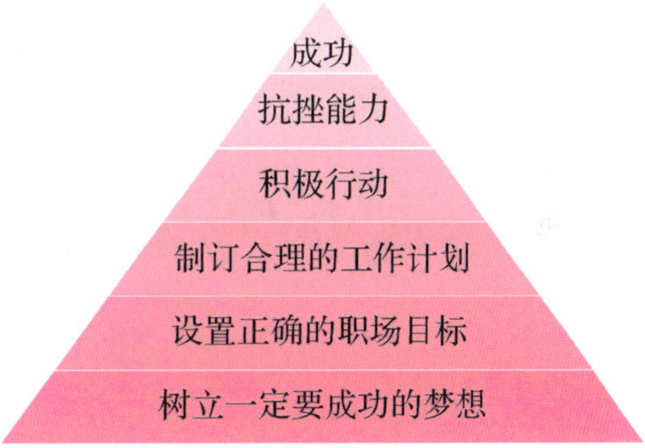

图5-8 成功金字塔

二、设置正确的职场目标

人从出生以来，就有一种本能的欲望，这种欲望就是渴望成功，希望受到别人的尊重和重视。什么是成功？成功就是实现自己的理想和目标（见图5-9）。那么，究竟要怎么做才能将自己的目标变成现实呢？下面一些做法可供参考：

（1）具体地思考自己想要拥有什么样的职场生活。

（2）制定切实符合自己工作的目标，包括短期目标、中期目标和长期目标。

（3）用简单明了的句子写出自己的目标。

（4）努力探求实现自己职场目标的方法并加以实施。

（5）限定达到目标所需的期限。

（6）准确衡量自己所制定的目标的正确性。

（7）用不断地努力工作来达到目标，绝不半途而废。

（8）要有积极进取的态度。

（9）达到一个目标后，要以此作为基石，不断向更高的目标挑战。

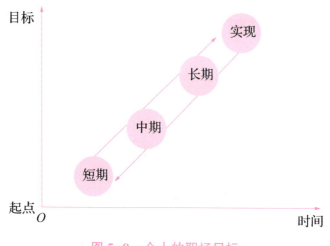

图 5-9　个人的职场目标

三、制订合理的工作计划

有了明确的目的，设置了合理的目标后，为达到具体目标就需要制订合理的工作计划。计划是为完成目标而制订的具体顺序、方法和内容。现在我们将易于实现计划的方法归纳如下：

（1）制订"工作表"，将任务量比较大或周期比较长的工作拆开，分成几小节。

（2）计划的周期可以根据自己的具体工作情况而定，但应将工作计划具体分解到周计划与日计划。

（3）在制订工作计划的同时，必须考虑到计划的弹性。

（4）具体详细地把握计划进展的过程。

（5）严格按照所制订的计划执行，持之以恒，不要半途而废。

四、积极主动地付诸行动

要想取得成功，不光要有智慧，还要有行动，如果只凭脑子想，永远不付

单元五 职业身心素质养成

诸行动，那么永远也不会成功。那我们应该怎么付诸行动呢？下面几项是我们必须做到的，如表 5-1 所示。

表 5-1 付诸行动的要求

付诸行动的要求	
认真对待每一项工作	遇到问题，不找借口，想办法解决问题
养成主动执行的习惯	主动开拓自己的工作，超越老板期待

现实是此岸，理想是彼岸，中间隔着湍急的河流，行动则是架在河上的桥梁，只有行动才会出现结果。如果你发觉自己已经习惯只想不做或存在拖延的倾向，那么，从现在起你就该逐步养成有想法就立即去行动的习惯，并时刻告诉自己，只有尝试过才不会后悔。久而久之，你就能改变自身拖延的倾向，训练出坚韧的品质。

五、训练抗挫折的能力

孟子说："天将降大任于是人也，必先苦其心志，劳其筋骨，饿其体肤，空乏其身。"意思是说一个人遇到挫折困难，仍然不被挫折压垮，才证明他是强者。强者之所以不同于常人，还因为他们对挫折的容忍力不同，即我们所说的抗挫折的能力，如图 5-10 所示。

图 5-10 抗挫折的能力

87

(一) 敢于自救，不惧困难

自救者天助，在障碍面前我们要振奋起来，敢担当。对自己的办事能力有足够信心的人，才是一个拥有成功潜质的人。

(二) 自我激励，积极心态

积极的心态像太阳，照到哪里哪里亮；消极的心态像月亮，初一十五不一样。积极的心态鞭策自己、激励自己，它能使我们看到事物美好的一面，消极的心态则相反。积极的心态产生积极的暗示，积极的暗示促成积极的行动，积极的行动成就成功的人生。

(三) 绝不放弃，勇往直前

挫折不等于失败，只要还有成功的机会，我们就不能轻言放弃。爱迪生灯泡实验失败以千次计算，他从没有放弃，最终带着希望走向成功。正确的挫折观，可以增长个人解决问题的能力，引导个人以更好的方法去实现目标。

知识链接

九型人格——三号成就型

他们是九型人格中的最闪亮的一群！

他们不甘落后，勇争第一；

他们渴望成功，出人头地；

他们目标导向，灵活应变；

他们注重效率，步步争先；

他们争强好胜、现实主义。

他们被称为"变色龙"，适应力强，做什么像什么，在追求成功和认可的漫漫征途中设定一个又一个奋斗目标。

他们也被称为"独行侠"，在达成目标的道路上，追求卓越，挑战极限。

他们还被称为"拼命三郎"，勤奋刻苦，独立奋斗，打破一个个纪录，攀登一座座山峰。

单元五 职业身心素质养成

他们，拥有强烈的竞争意识；他们，充满对鲜花和掌声的向往；

他们，借成就来实现自我价值；他们，用表现来展示优秀的形象。

然而，他们的好面子、竞争、工作狂往往难以被人真正理解和欣赏，由于常常只关注目标忽略他人的感受，显得过于自私、功利和虚伪，他们总是紧盯目标，不达目的誓不罢休，却可能被误解为"不择手段"和"急功近利"。

但是，他们从来不愿意做一个"无用"的人，永远怀有一颗追求"成功"的心！

他们信仰"我强故我在"的真理！

案例分析

2021年福州旅游职业中专学校共派出8名学生参加了手工制茶（扁平绿茶）、手工制茶（卷曲绿茶）、手工制茶（条形红茶）、手工制茶（青茶）四个项目的比赛，获得一等奖2项、二等奖1项、三等奖4项。

为了参加这次比赛，福州旅游职业中专学校参赛选手们在老师的带领下，经历了一个半月的辛苦训练，忍受住了炒青锅250摄氏度以上的高温，经受住了24小时赛程的考验，克服了种种困难，在艰苦的训练环境下，通过不断探索和研究，努力学习，吃苦耐劳，逐渐掌握了传统手工制茶繁杂的工艺技术。赛场上，参赛选手们运用所学的制茶知识和技能，充分展示了传统手工制茶工艺流程。手工制茶如图5-11所示。

图5-11　手工制茶

福建省职业院校技能大赛已经成为该校办学实力的展示平台，是提高学校办学水平与层次的重要抓手。学校以竞赛为契机，以赛促学，以赛促教，以赛促改，在赛场上充分展示了学生的综合素养，提高了学校茶叶加工的竞争力，在推进茶叶加工技能人才的培养的同时，也为促进福建省乃至全国茶产业的健康发展，为助力"乡村经济"的振兴做出积极贡献。

为了成功，吃苦是必要的，你具备吃苦耐劳的品质吗？

成功欲望测试

1. 要你在生活愉快和富有之间选择，你总是选择生活愉快，因为你认为它最重要。

  A. 非常赞同　　　B. 比较赞同　　　C. 不太赞同　　　D. 不赞同

2. 如果某项工作非完成不可，你就会不管压力和困难有多大，都会努力去完成它。

  A. 非常赞同　　　B. 比较赞同　　　C. 不太赞同　　　D. 不赞同

3. 成败论英雄有时确实存在。

  A. 非常赞同　　　B. 比较赞同　　　C. 不太赞同　　　D. 不赞同

4. 你容不得他人或者自己犯错误，一旦犯了，你会严厉批评或惩罚。

  A. 非常赞同　　　B. 比较赞同　　　C. 不太赞同　　　D. 不赞同

5. 你非常看重名誉。

  A. 非常赞同　　　B. 比较赞同　　　C. 不太赞同　　　D. 不赞同

6. 你的适应能力非常强。

  A. 非常赞同　　　B. 比较赞同　　　C. 不太赞同　　　D. 不赞同

7. 只要是你决心做的事情，就会坚持到底。

  A. 非常赞同　　　B. 比较赞同　　　C. 不太赞同　　　D. 不赞同

8. 如果别人把你看成身负重任的人，你会感到很高兴。

A. 非常赞同　　　B. 比较赞同　　　C. 不太赞同　　　D. 不赞同

9. 你有一些高消费的嗜好，并且你有能力承受和乐意承受这份消费。

A. 非常赞同　　　B. 比较赞同　　　C. 不太赞同　　　D. 不赞同

10. 如果你知道某个项目会有好的结果，你就很小心地将时间和精力花在这个项目上。

A. 非常赞同　　　B. 比较赞同　　　C. 不太赞同　　　D. 不赞同

11. 在一个团队里，你认为团队的成功比你个人成功更重要。

A. 非常赞同　　　B. 比较赞同　　　C. 不太赞同　　　D. 不赞同

12. 你是一个认真的人，即使眼看赶不上进度了，你也不愿草率工作。

A. 非常赞同　　　B. 比较赞同　　　C. 不太赞同　　　D. 不赞同

13. 能够正确地表达你的意思，你会很高兴，但你必须确定别人是否能正确了解你。

A. 非常赞同　　　B. 比较赞同　　　C. 不太赞同　　　D. 不赞同

14. 你的工作情绪总是很高，精力充沛。

A. 非常赞同　　　B. 比较赞同　　　C. 不太赞同　　　D. 不赞同

15. 你并不看重所谓的"金点子"，而更看重良好的判断和整体策划。

A. 非常赞同　　　B. 比较赞同　　　C. 不太赞同　　　D. 不赞同

评分标准：

1. A：0　B：1　C：2　D：3
2. A：3　B：2　C：1　D：0
3. A：2　B：3　C：1　D：0
4. A：1　B：3　C：2　D：0

第5~15题：选择A为3分，选择B为2分，选择C为1分，选择D为0分

诊断结果：

总分为0~15分，说明你成就欲望不强，你更看重家庭生活的美满与精神生活的充实。总分为6~30分，说明你成就欲望较强，在事业与家庭之间，你会权衡利弊后做决定。总分为31~45分，说明你成就欲望强烈，对名利、金钱、权力很看重，野心勃勃。

单元六

职业生涯规划

单元引言

人生最重要的事,不是你现在站在何处,而是你今后要朝哪个方向走。只要方向对,找到路,就不怕路远。职业生涯规划之于我们就是在迷茫道路上的路标,指引我们前进的方向。

学习目标

知识目标

1. 掌握职业生涯和职业生涯规划的含义。
2. 了解职业生涯规划的类型。
3. 明确职业生涯规划的原则。

能力目标

1. 能够确立自己不同阶段的人生目标。
2. 能够根据职业生涯的成功需要具备的条件,制定适合自己的职业生涯规划。

素养目标

1. 具有制订职业生涯规划的意识。
2. 养成良好对待职业规划的态度,并融入工匠精神。

单元六 职业生涯规划

第一节 走进职业生涯规划

爬楼梯的启示

从前,有两兄弟,他们一起住在一幢公寓楼里。一天,他们一同去郊外爬山。傍晚时分,他们爬山回来,回到公寓楼的时候,发现一件事:大厦停电了。这真是一件令人沮丧的事情。为什么呢?因为这两兄弟是住在大厦的顶楼。而顶楼是八十层。虽然两兄弟都背着大大的登山包,但也别无选择,于是,哥哥对弟弟说:"我们爬楼梯上去吧。"

于是,他们就背着一大包行李开始往上爬。到了二十楼的时候,他们感觉累了。于是弟弟提议说:"哥哥,行李太重了,不如我们把它放在二十楼,我们先上去,等大厦恢复电力,我们再坐电梯下来拿吧。"哥哥一听,认为这主意不错:"好啊。弟弟,你真聪明呀。"于是,他们就把行李放在二十楼,继续往上爬。卸下了沉重了包袱之后,两个人感觉轻松多了。他们一路有说有笑地往上爬,但好景不长,到了四十楼,两人又感觉累了。想到才爬了一半,竟然还有四十楼要爬,两人就开始互相埋怨,指责对方不注意停电公告,才会落到如此下场。他们边吵边爬,就这样一路爬到了六十楼。到了六十楼,两人筋疲力尽,累得连吵架的力气也没有了。哥哥对弟弟说:"算了,只剩下最后二十楼,我们就不要再吵了。"于是,他们一路无言,安静地继续往上爬。终于,八十楼到了。到了家门口,哥哥长吁一口气,摆了一个很酷的姿势:"弟弟,拿钥匙来!"弟弟说:"有没有搞错?钥匙不是在你那里吗?"……大家猜猜发生了什么事?

原来,钥匙还留在二十楼的登山包里!

思考一下:这个故事反映了什么呢?

相关知识

一、职业生涯规划的概念

（一）职业生涯规划的含义

职业生涯规划（career planning）简称生涯规划，也可叫职业规划或者职业生涯设计，是指个人和组织相结合，在对个人职业生涯的主客观条件进行测定、分析、总结研究的基础上，对自己的兴趣、爱好、能力、特长、经历及不足等各方面进行综合分析与权衡，结合时代特点，根据自己的职业倾向，确定最佳的职业奋斗目标，并为实现这一目标做出行之有效的安排。通俗地说，就是个人对自己一生职业发展道路的设想和规划，它包括选择什么职业，在什么地区和什么单位从事这种职业，以及在这个职业队伍中担负什么职务等内容。

（二）职业生涯规划的特征

职业生涯规划的特征如图 6-1、表 6-1 所示。

图 6-1　职业生涯规划的特征

表 6-1　职业生涯规划的特征及含义

特 征	含 义
个性化	职业生涯规划是个人在内心动力驱使下，结合社会发展要求，依据现实条件和机会所制订的个人化的发展方案。由于每个人的性格、价值观、思维方式、行为方式、对成功的评价等方面存在明显的差异，决定了职业生涯规划必然具有个性化，不能雷同和复制
可行性	规划要有事实依据，从个人的能力、兴趣爱好出发，结合自身的实际情况，而不是美好的幻想或不着边际的梦想，否则将会贻误良机
持续性	人生具有阶段性和连续性，规划是为了避免出现断层，保证每个发展阶段衔接连贯
开放性	个人是职业生涯开发与管理的主体，但并不意味着个人可以闭门造车，独自完成，也不意味着职业生涯规划必须一次完成、终生不变。职业生涯规划要与外界环境尽可能多地交换信息，听取家长、老师和朋友等人的意见，并充分利用测评工具测评职业潜能
动态性	规划制订出来，不是一成不变的，需根据客观环境、自身条件的变化及时地调整

二、职业生涯规划的类型

职业生涯规划按照不同的标准可以划分为不同的类型。

（一）按照时间长短划分

职业生涯规划按照时间长短一般可分为短期规划、中期规划、长期规划和人生规划四种类型，如图 6-2、表 6-2 所示。

图 6-2　职业生涯规划的类型

表 6-2 职业生涯规划的类型及含义

类型	含义
短期规划	指 2 年以内的职业生涯规划，规划目的主要是确定近期目标，制订近期应完成的任务计划
中期规划	指 2~5 年的职业生涯规划，是最常用的一种职业生涯规划
长期规划	指 5~10 年的职业生涯规划，目的主要是设定较长远目标
人生规划	指对整个职业生涯的规划，时间跨度可达 40 年左右，其规划的目的是确定整个人生的发展目标

（二）根据规划主体划分

职业生涯规划按照规划主体可划分为个人职业生涯规划和组织为个人所做的职业生涯规划两种。

（1）个人职业生涯规划是个人为自己职业生涯所做的规划。

（2）组织为个人所做的职业生涯规划是组织从人力资源管理的角度，为自己的雇员所做的职业生涯规划，目的是将雇员的个人职业目标实现与组织的发展有机结合起来，为促进雇员职业发展和目标实现提供必要的条件保证，达到组织人力资源管理的最佳效果。

三、职业生涯规划的原则

职业生涯规划的原则如图 6-3、表 6-3 所示。

图 6-3 职业生涯规划的原则

单元六　职业生涯规划

表 6-3　职业生涯规划的原则及含义

原则	含义
长期性原则	在人的一生中，职业生涯是漫长的，要想走好职业生涯的每一步，就要在做职业生涯规划时从长远考虑，不能只顾眼前的利益。有时候为了眼前利益，往往会因为一棵树而失去整片森林
可行性原则	制订职业生涯规划，一定要考虑自己和外界的实际情况，这样制订出来的生涯规划才切实可行。生涯规划各阶段的路线划分、职业生涯目标和实现目标的途径必须具体清晰、切实可行。这就要求做规划时必须考虑到自己的特质、社会环境、组织环境以及其他相关的因素
弹性原则	所谓的弹性原则，就是指制订的职业生涯规划要具有缓冲性，可以根据实际情况的变化来相应地调整变动。这里可调整的内容包括生涯规划的具体事项以及目标、完成的时间等方面
清晰性原则	不管是自己的职业生涯目标选定、职业生涯路线的选择，还是实现职业生涯目标的各种措施，都要具有一定的清晰性，这样的职业生涯规划才切实可行，成功的可能性才会大大增加

知识链接

古语讲，凡事"预则立，不预则废"。有了自己的职业生涯规划，有了自己的奋斗目标，也就有了前进的动力。在目标的指引下，一个人往往会唤醒自己的潜能，爆发出惊人的力量。当今社会处在变革的时代，到处充满激烈的竞争。物竞天择，适者生存。要想在这场激烈的竞争中脱颖而出并立于不败之地，必须设计好自己的职业生涯规划。这样才能做到心中有数，才能在激烈的竞争中好好地生存下来。然而不少毕业生不是首先坐下来做好自己的职业生涯规划，而是拿着简历与求职书到处乱跑，总想会撞到好运气、找到好工作。结果是浪费了大量的时间、精力与资金，到头来感叹招聘单位是有眼无珠，不能"慧眼识英雄"，叹息自己英雄无用武之地。这部分毕业生没有充分认识到职业生涯规划的意义与重要性，认为找到理想的工作只是学识、业绩、耐心、关系、口才等条件，认为职业生涯规划纯属纸上谈兵，简直是耽误时间，有那时间还不如多跑两家招聘单位。这是一种错误的理念，实际上"磨刀不误砍柴工"，先做好职业生涯规划，在明确的目标的指引下不懈追求、努力奋斗，将大大提升应对竞争的能力。

案例分析

案例一：职业规划的小故事

不知道进行职业规划的人87%会失败。有一年，一群意气风发的天之骄子从哈佛大学毕业了，他们即将踏上自己的职场旅程。他们的智力、学历、环境条件都相差无几。在临出校门时，哈佛对他们进行了一次关于人生目标的调查。结果是这样的：

27%的人，没有目标；

60%的人，目标模糊；

10%的人，有清晰但比较短期的目标；

3%的人，有清晰而长远的目标。

25年后，哈佛再次对这群学生进行跟踪调查。结果又是这样的：

3%的人，25年间他们朝着一个方向不懈努力，几乎都成为社会各界的成功人士，其中不乏行业领袖、社会精英；

10%的人，他们的短期目标不断地实现，成为各个领域中的专业人士，大都生活在社会的中上层；

60%的人，他们安稳地生活与工作，但都没有什么特别成绩，几乎都生活在社会的中下层；

剩下的27%的人，他们的生活没有目标，过得很不如意，并且常常在抱怨他人、抱怨社会、抱怨这个"不肯给他们机会"的世界。

其实，他们之间的差别仅仅在于，25年前他们中的一些人清楚地知道他们的方向是什么、目标在哪里，而另外一些人则不清楚或不很清楚。

故事到底是真是假，已经不重要。重要的是，我们看到了目标与成功之间的关系，看到了人生职业规划的重要性。

职场上，成功的人往往都是忙碌的，因为他们在有计划地为他们的目标去行动。失败的人虽然也忙碌，但更多的人是重复性的忙碌，个人能力没有提升，工资没有上涨，属于典型的"穷忙族"。还有一些人竟然在职场上无所事事，不知道要干什么，甚至连闲活都没得做。这样的情况，就更加可怕了（见图6-4）。

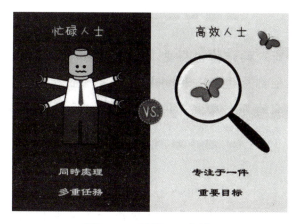

图 6-4　忙碌 vs 专注

想一想

1. 从这个案例中大家能获取什么信息，明白什么道理呢？
2. 请问，你愿意做哪一部分的人呢？是 27% 中的人，60% 中的人，10% 中的人，还是 3% 中的人呢？为什么？

案例二：渔夫和商人的故事

有一个美国商人坐在墨西哥海边一个小渔村的码头上和一个刚捕鱼回来的墨西哥渔夫聊天，他问渔夫需要多少时间才能抓到这些鱼。渔夫说，一会儿工夫就抓到了。美国人再问："你为什么不待久一点，多抓一些鱼？"渔夫不以为然："这些鱼已经足够我一家人生活所需啦！"美国人又问："那么你一天剩下那么多时间都在干什么？"渔夫解释说："我呀，每天睡到自然醒，出海抓几条鱼，回来后跟孩子们玩一玩，再跟老婆睡个午觉，黄昏时晃到村子里喝点小酒，跟哥儿们玩玩吉他，我的日子可过得惬意又忙碌呢！"美国人是哈佛大学企管硕士，他热心地帮渔夫出主意，教他如何不断地经营扩充自己的生意。最后他告诉墨西哥渔夫说："15 年后，你就可以赚到非常多的钱，到那个时候就可以退休啦，搬到海边的小渔村去住，每天睡到自然醒，出海随便抓几条鱼，跟孩子们玩一玩，再跟老婆睡个午觉，黄昏时晃到村子里喝点小酒，跟哥儿们玩玩吉他！"墨西哥渔夫疑惑地说："我现在不就是这样了吗？"

想一想

你认为渔夫和商人的话谁说得更有道理？为什么？

每一个人的人生都应该有一种向上的趋势，上升到某一个点的时候，会发现好像还是在原来的那个点上，但实际上已经和原来不是一个境界了。

知识链接

关于职业生涯规划的制订，正日益变成一个专业化的领域，现在很多专业的职业咨询机构和有关专家在进行职业咨询、指导时，通常采用5个"What"的思考模式，它构成了制定职业生涯规划的步骤：

第一，What are you？要求一个人对自己做一个深刻反思与认识，对自身的优势与弱点都要加以深入细致的剖析。

第二，What do you want？要求一个人对自己未来职业生涯发展的目标和前景，做出一种愿望定位、心理预期和取向审视。

第三，What can you do？要求一个人对自己的素质，尤其是自身的潜能和实力进行全面的测试和把握。

第四，What can you support you？要求一个人对自己所处的环境状况和所拥有的各种资源状况有一个客观、准确的认识和把握。

第五，What can you be in the end？要求一个人对自己所提出的职业目标以及实现方案做出一个具体明确的说明。

一般而言，清晰、全面地回答了以上这样5个问题，就为能够系统地制订出一份个人的职业生涯规划准备了一个重要前提。

想一想

在职业生涯中有人提倡：

1. 在职业生涯早期，锻炼机会越多越好；
2. 在职业生涯中期，待遇越优厚越好；
3. 在职业生涯晚期，社会价值感越大越成功。

你赞成吗？

职业生涯规划目标设立14步练习法,如图6-5所示。

图6-5 职业生涯规划目标设立14步练习法

步骤1:先开始编织美梦,包括你想拥有的,你想做的,你想成为的,你想体验的。现在,请坐下来,拿一张纸和一支笔,动手写下你的心愿。

在你写的时候,不必管那些目标该用什么方式去达成,就是尽量写。直到你觉得没有什么可以写的时候,可以看看下面几个问题并回答它们,这些问题会引导你去了解自己内心深处的渴求,这会花上一些时间,但你现在的努力,将是为下一步丰盛的收获打下基础。

(1) 在你生活中,你认为哪五件事情最有价值?
(2) 在你的生活中,有哪三个最重要的目标?
(3) 假如你只有6个月的生命,你会如何运用这6个月?
(4) 假如你立刻成为百万富翁,在哪些事情上你的做法会和今天不一样?

（5）有哪些事是你一直想做，但却不敢尝试去做的？

（6）在生活中，有哪些活动你觉得最重要？

（7）假如你确定自己不会失败（拥有充实的时间、资源、能力等），你会敢于梦想哪一件事情？

回答完这些问题后，把你所列出的所有目标分成六类：

（1）健康；

（2）修养/知识；

（3）爱情/家庭；

（4）事业/财富；

（5）朋友；

（6）社会。

步骤2：审视你所写的，预期希望达成的时限。你希望何时达成呢？有实现时限的才能叫目标，没时限的只能叫梦想。

步骤3：选出在这一年里对你最重要的4~6个目标。从你所列出的目标里选择你最愿意投入的、最令你跃跃欲试的、最能令你满足的4件事，并把它们写下来。现在我建议你明确地、扼要地、肯定地写下你实现它们的真正理由，告诉你自己能实现目标的把握和它们对你的重要性。如果你做事知道如何找出充分的理由，那你就无所不能，因为追求目标的动机比目标本身更能激励我们。

步骤4：核对你所列的4个目标，是否与形成结果的五大规则相符。

（1）用肯定的语气来预期你的结果，说出你希望的而非不希望的；

（2）结果要尽可能具体，还要确定完成的期限与项目；

（3）事情完成时你要能知道完成了；

（4）要能抓住主动权，而非任人左右；

（5）是否对社会有利。

步骤5：列出你已经拥有的各种重要资源。当你进行一个计划时，就得知道该使用哪些工具。列出一张你所拥有资源的清单，里面包括自己的个性、朋友、财物、教育背景、时限、能力以及其他。这份清单越详尽越好。

步骤6：当做完这一切，请你回顾过去有哪些你所列的资源运用得很纯熟。回顾过去找出你认为最成功的两三次经验，仔细想想是做了什么特别的事才造成事业、健康、财务、人际关系方面的成功，请记下这个特别的原因。

步骤7：当你做完前面的步骤后，现在请你写下要达成目标本身所具有的条件。

步骤8：写下你不能马上达成目标的原因。首先你得从剖析自己的个性开始，是什么原因妨碍你前进？要达成目标，你得采取什么做法呢？如果你不确定，可以想想有哪位成功者值得你去学习？你得从最终的成就倒算，往你目前的状况一步步列出所需的做法。以你在步骤7中列出的条件作为你设计未来计划的参考。

步骤9：现在请你针对自己那4个重要目标，制定出实现它们的每一步骤。别忘了，从你的目标往回定步骤，并且自问：我第一步该如何做才会成功？是什么妨碍了我？我该如何改变自己呢？一定要记得你的计划得包含今天你可以做的，千万不要好高骛远。

步骤10：为自己找一些值得效法的模范。从你周围或从名人当中找出三五位在你的目标领域中有杰出成就的人，简单地写下他们成功的特质和事迹。在你做完这件事后，请你合上眼睛想一想，仿佛他们每一个人都会给你提供一些能达成目标的建议。记下他们每一位建议的方法，如同他们与你私谈一样，在每句重点下记下他的名字。

步骤11：使目标多样化且有整体意义。

步骤12：为自己创造一个适当的环境。

步骤13：经常反省所做事情的结果。

步骤14：列一张表，写下过去曾是你的目标而目前已实现的一些事。你要从中看看自己学到了些什么，这期间有哪些值得感谢的人，自己获得了哪些特别的成就。有许多人常常只看到未来，却不知珍惜和善用自己已经拥有的。请记住：成功的要素之一就是要存一颗感恩的心，时时对自己的现状心存感激。

职业素养与职业规划

第二节　职业生涯规划的目标与条件

猎人的目标

父亲带着三个儿子到草原上猎杀野兔。在到达目的地，一切准备停当，开始行动之前，父亲向三个儿子提了一个问题："你看到了什么呢？"

老大回答道："我看到了我们手里的猎枪，在草原上奔跑的野兔，还有一望无际的草原。"父亲摇摇头说："不对。"老二的回答是："我看到了爸爸、大哥、弟弟、猎枪、野兔，还有茫茫无际的草原。"父亲又摇摇头说："不对。"而老三的回答只有一句话："我只看到了野兔。"这时父亲才说："你答对了。"

想一想

为什么父亲说老三答对了？

有了明确的目标，才会为行动指出正确的方向，才会在实现目标的道路上少走弯路。事实上，漫无目标，或目标过多，都不利于为行动指出正确的方向，从而导致多走弯路。

相关知识

一、职业生涯目标

职业生涯目标是指个人在期望的职业领域里的未来某时点上所要达到的具体目标。职业生涯目标的确定包括人生目标、长期目标、中期目标与短期目标

104

的确定，它们分别与人生规划、长期规划、中期规划和短期规划相对应，如图 6-6 所示。

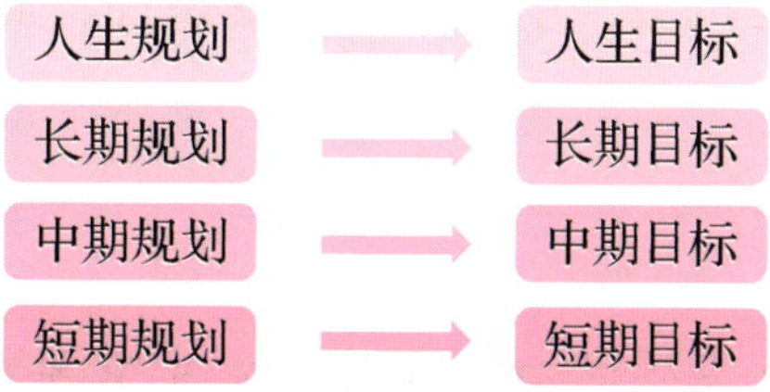

图 6-6　职业生涯目标

二、职业生涯与条件

确定人生目标对取得成功非常重要，但是成功还需要具备一些条件。每个人走向成功都已经具备了一些条件，但是还有一些条件尚缺乏，只有将欠缺的条件弥补上才可能成功。

（一）成功的条件

1. 条件的分类

一个人职业生涯的成功、目标的实现需要具备一定的条件，条件包括主观条件和客观条件。

以找工作为例，主观条件包括学历、专业、经验、品德、素质等，客观条件包括机会、背景、人际关系等。在所有的条件中，主观条件居多，客观条件是大多数人都缺乏的，需要靠自己去寻找。客观条件虽然有不可控制性，但它毕竟要通过内部条件才能起作用，人们不仅可以利用与改造外部条件，还可以创造外部条件实现目标。

2. 寻找所欠缺的条件

每一个人走向成功，都必须具备很多条件，我们可以将这些条件一一列举出来，然后考虑一下，我们目前还欠缺哪些条件。一旦这些欠缺的条件被弥补上了，我们才更加有可能获得成功。也就是如果说"万事俱备，只欠东风"，我们就需要找出"东风"到底是什么。

（二）成功的决定因素

其实，每一个人在走向人生成功的征程中，大部分条件都已经具备了，但是我们自己从未留意过。人们往往有一种非常悲观的感觉，总是将我们不成功的原因归结为条件太差、没有机会，所以不成功似乎是应该的、是正常的。但是，成功的决定因素不是机会，不是什么客观条件，而是态度。

知识链接

1. 一个人要想真正获得成功，那么他首先需要确立一个发展方向，在不同的发展阶段，应该给自己设定不同的且切合实际的目标。

2. 当人们的行动有了明确目标的时候，并能把行动与目标不断地加以对照，进而清楚地知道自己的行进速度与目标之间的距离，人们行动的动机就会得到维持和加强，就会自觉地克服一切困难，努力达到目标。

3. 目标越清晰，成功的可能性越大。

案例分析

案例一：一个心理学家的实验

某天，一个心理学家做了这样一个实验：

他组织了三组人，让他们分别向10公里以外的三个村子进发。

第一组的人既不知道村庄的名字，也不知道路程有多远，只告诉他们跟着向导走就行了。刚走出两三公里，就开始有人叫苦；走到一半的时候，有人几乎愤怒了，抱怨为什么要走这么远，何时才能走到头，有人甚至坐在路边不愿走了；越往后，他们的情绪就越低落。

第二组的人知道村庄的名字和路程有多远，但路边没有里程碑，只能凭经验来估计行程的时间和距离。走到一半的时候，大多数人想知道已经走了多远，比较有经验的人说："大概走了一半的路程。"于是，大家又继续往前走。当走到全程的四分之三的时候，大家情绪开始低落，觉得疲惫不堪，而路程似乎还有很长。有人说："快到了！快到了！"大家又振作起来，加快了行进的步伐。

第三组的人不仅知道村子的名字、路程，而且公路旁每1公里都有一块里程碑，人们边走边看里程碑，每缩短1公里大家便有一小阵子快乐。行进中他们用歌声和笑声来消除疲劳，情绪一直很高涨，所以很快就到达了目的地。

单元六　职业生涯规划

图6-7形象地告诉我们设立恰当的目标才能走得更远。

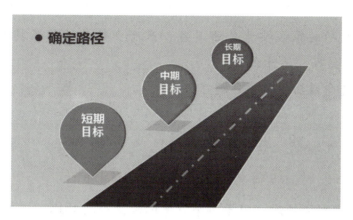

图6-7　目标

1. 请问这三组人表现为何会如此不同？
2. 大家从这个心理学家做的实验中得到了什么启示呢？

案例二：一个女孩的故事

有一个女孩长得非常漂亮，十几年前就去闯深圳，到现在为止，依然一事无成。问题在哪里呢？她总认为自己条件不好，没有机会。她向一位长者求教。这位长者就建议她学习电脑打字，但她说："我没有条件，我没有电脑。"然后长者就给她提供了一个地方去学习。学习了三个月后，要考试了，结果中文打字一分钟8个。女孩说她不喜欢电脑。她说："我要到美国去发展，我长得漂亮，嫁过去行不行？"后来，有个机会别人给她介绍了一个美籍华人的后代，小伙子长得很帅气。两个人就交换了照片，小伙子一看照片，愿意和她谈对象。女孩要用英文给对方写信，这没问题，不会写可以找人代写。长者就建议女孩赶快学英语。女孩就说："我没条件，我没有复读机。"买来了复读机，女孩又说复读机质量太差，就又买了一个质量好的，最后，女孩拿来亲戚十几万的音响来学习英语。学了一年，小伙子要来深圳相亲，如果对女孩满意，就可以马上办手续把女孩带去美国。现在这个女孩的机会来了没有？等到小伙子一下飞机，俩人一见面，女孩一句英语也说不出来，就剩下用手比画了。

结果，女孩能把握住机会吗？

107

想一想

1. 走向成功的很多要素你都具备,只有少数条件你不具备,那么,欠缺的条件是机会吗?是什么呢?
2. 为了走向成功,你准备好了没有?

拓展训练

活动一:职业生涯目标的评估

目标的T字形评估法,用于多个方案的深度分析对比,以帮助正确选择目标。通过对不同目标方案优缺点的比较,根据趋利避害、有利于长远发展的原则最终确定适合的目标。如表6-4所示。

表6-4 T字形目标评估表

A 方案评估	
优点	缺点
1.	1.
2.	2.
3.	3.
4.	4.
5.	5.
B 方案评估	
优点	缺点
1.	1.
2.	2.
3.	3.
4.	4.
5.	5.

例如:是继续考大学还是马上参加工作?是换工作还是在本单位等待机会?如果两个目标方案无好坏之分,此时应做价值观澄清。

第一,我到底想要什么?

第二,我的价值取向是什么?

第三,什么是第一重要的事情?

单元六 职业生涯规划

如果回答了上述问题后仍无答案，就应提醒自己是否有这两者之外更好的选择。

活动二：个人职业生涯目标制定（表6-5）

表6-5 个人职业生涯目标制定

姓名		性别		生涯目标制定日期	
年龄			学历		
所学专业			职业类别		
目前所在部门			目前任职岗位		
人生目标					
1. 岗位目标： 2. 技术等级目标： 3. 收入目标： 4. 社会影响目标： 5. 重大成果目标： 6. 其他目标： 　　人生观简要文字说明： 　　实现人生目标的战略要点：					
长期目标					
1. 岗位目标： 2. 技术等级目标： 3. 收入目标： 4. 社会影响目标： 5. 重大成果目标： 6. 其他目标： 　　人生观简要文字说明： 　　实现人生目标的战略要点：					

续表

中期目标
1. 岗位目标：
2. 技术等级目标：
3. 收入目标：
人生观简要文字说明：
实现人生目标的战略要点：
短期目标
1. 岗位目标：
2. 技术等级目标：
3. 收入目标：
短期的计划细节：
（1）短期内完成的主要任务：
（2）有利条件：
（3）主要障碍及其对策：
（4）可能出现的意外和应急措施：

单元七

求职与就业培训

单元引言

在就业形势日趋严峻的今天，为了提升自己的就业能力，很多求职者通过参加职业培训使自己掌握更多的技能，以使自己在求职过程中具有一定的优势。

学习目标

知识目标
1. 了解与就业相关的知识、政策与信息。
2. 掌握制作求职简历的方法和步骤。
3. 了解面试的含义及常见的面试内容。

能力目标
1. 能够认清就业形势，并正确而全面地做好就业准备。
2. 掌握常用的面试技巧和面试流程。
3. 制作一份自己的求职简历。

素养目标
1. 具有通过学习训练对自己的求职能力进行客观评价的素质水平。
2. 养成良好的面试心理素质。

职业素养与职业规划

第一节 就业形势与就业准入

2023年高校校园招聘趋势

"2023届高校毕业生预计1 158万"的新闻冲上热搜,引来热议。齐鲁人才抽取了平台数据库中15.1万个活跃毕业生样本、2.8万个活跃企业样本及其发布的9.5万条职位样本,对样本数据进行了解读分析和可视化展示。

从统计数据来看,2019—2021届高校毕业生需求保持较快速度增长。但2022—2023届同期毕业生需求连续两届呈现负增长,其中2022届山东高校毕业生需求涨幅为-0.23%,2023届秋招为-5.81%。2019—2023届同期山东就业市场高校毕业生需求涨幅如图7-1所示。2021—2023届山东高校毕业生同期简历投递量对比如图7-2所示。

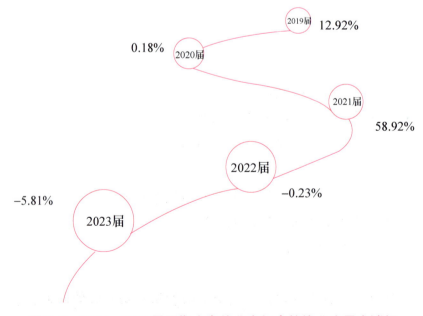

图7-1 2019—2023届同期山东就业市场高校毕业生需求涨幅

单元七　求职与就业培训

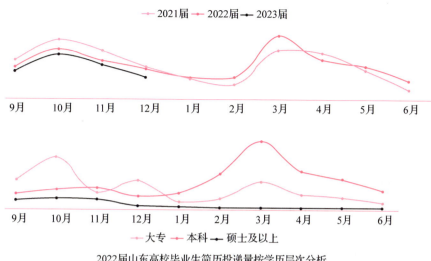

2022届山东高校毕业生简历投递量按学历层次分析

图 7-2　2021—2023 届山东高校毕业生同期简历投递量对比

受国内环境影响，占据就业市场需求主体的中小微企业雇主量及面向应届生的新增岗位大幅缩水，短期内岗位结构发生显著变化。2023届山东校园招聘重点行业需求涨（跌）统计如图7-3所示。

图 7-3　2023 届山东校园招聘重点行业需求涨（跌）统计

在过去几年，互联网、房地产、教培、金融行业吸纳了大量毕业生，是传统就业的"蓄水池"，但近几年这几大"水池"收缩明显，而且不少企业更加倾向于招聘成熟老手。一名招聘负责人透露："之前招的人70%左右匹配就能进来，现在对人选要求更高了，要达到80%~90%的匹配度。"

思考一下：面对就业形势的变化，中职生应该做好怎样的应对？

相关知识

就业准入和就业准入制度

所谓就业准入，是指根据我国劳动法和职业教育法的有关规定，对从事技术复杂，通用性强，涉及国家财产、人民生命安全和消费者利益的职业（工种）的劳动者，必须经过培训并取得职业资格证书后，方可上岗。

《中华人民共和国劳动法》规定，"从事技术工种的劳动者，上岗前必须经过培训""国家确定职业分类，对规定的职业制定职业技能标准，实行职业资格证书制度，由经过政府批准的考核鉴定机构负责对劳动者实施职业技能考核鉴定"。据此，劳动和社会保障部于2000年5月发布了《招用技术工种从业人员规定》，明确要求用人单位招用从事技术工种从业人员，必须从取得相应职业资格证书的人员中录用；否则将被给予警告并处罚。

知识链接

必须持职业资格证书就业的技术工种

必须持职业资格证书就业的技术工种共计有4大类87种，如表7-1所示。

表7-1 必须持职业资格证书就业的技术工种

类　别	工　种
第一类 生产、运输 设备等 操作人员	车工、铣工、磨工、镗工、组合机床操作工、加工中心操作工、铸造工、锻造工、焊工、金属热处理工、冷作钣金工、涂装工、装备钳工、工具钳工、锅炉设备装配工、电机装配工、高低压电器装配工、电子仪器仪表装配工、电工仪器仪表装配工、机修钳工、汽车修理工、摩托车修理工、精密仪器仪表修理工、锅炉设备安装工、变电设备安装工、维修电工、计算机维修工、手工木工、精细木工、音响调音员、贵金属首饰手工制作工、土石方机械操作工、砌筑工、混凝土工、钢筋工、架子工、防水工、装饰装修工、电器设备安装工、管工、汽车驾驶员、起重装卸机械操作工、化学检验工、食品检验工、纺织纤维检验工、贵金属首饰与宝玉石检验工、防腐蚀工

单元七　求职与就业培训

续表

类别	工种
第二类 农林牧渔水利业生产人员	动物疫病防治员、动物检疫检验员、沼气生产工
第三类 商业、服务业人员	营业员、销售员、出版物发行员、中药购销员、鉴定估价师、医药商品购销员、中药调剂员、冷藏工、中式烹调师、中式面点师、西式烹调师、西式面点师、调酒师、营养配餐员、前厅服务员、客房服务员、保健按摩师、职业指导员、物业管理员、锅炉操作工、美容师、美发师、摄影师、眼镜验光员、眼镜定配工、家用电子产品维修工、家用电器产品维修工、照相器材维修工、钟表维修工、办公设备维修工、养老护理员
第四类 办事人员和有关人员	秘书、公关员、计算机操作员、制图员、话务员、用户通信终端维修员

职业资格证书如图7-4所示。

图7-4　职业资格证书

案例分析

心理咨询这个被很多人看作是现在及未来的朝阳职业已被很多人认识、了解及认可，到目前为止，仅正在学习及拿到心理咨询师资格证的老师已经很多，但是有多少人真正能实现自己的梦想？确实不得而知。但不可否认的是，女性在这个特殊的服务领域优势还是非常明显的。

2003年，湖南的王愉参加了心理咨询师培训并参加了国家第一批心理咨询师资格认证考试，2003年，大家都知道是"非典"横行的一年，但是这并没有阻止王愉及同学们的学习热情，尽管学校当时为了避免"非典"传播，给同学们放了假，但是王愉到现在仍记得当时有很多同学都想留在学校学习。

在家里，王愉不断地学习与等待，终于到了参加国家统一考试的日子，王愉可与其他同学一样充满激动与兴奋。从此，王愉开始了她一生的职业生涯。

2006年8月，王愉的心理咨询事业步入正轨，网络时代激发了她创建宣传窗口的想法。为了体现自己的实力，王愉的樱飞心理网正式运营，目前，经过改版后，该心理网的点击率在同类网站中排名第一。

随后，她自己的心理咨询中心宣告成立，又有了10多名专业心理咨询师加盟，中心整体实力大大增强，咨询者不断，热线电话火爆。到目前为止，她自己的心理咨询工作室已有心理咨询师近200人。现在王愉和她的同事们一如既往地做着她们衷爱的心理咨询工作，因为这份工作会把爱洒向人间，这对帮助人们改善生活质量，促进社会和谐起着至关重要的作用。

想一想

一步一步走过来的王愉，既体验了创业的艰辛，又有了开拓的收获。"坚持就是收获"在她身上体现得淋漓尽致。或许很多想做心理咨询师的人都会梦想用自己所学去帮助人，但是，你自己的坚持能持久吗？因为有时候，持久地坚持才能战胜自己，在带给自己收获的同时让自己更好地助人。

拓展训练

为了解与就业相关的知识、政策与信息，认清目前中职学生的就业形势，正确而全面地做好就业准备，就要对自己进行客观评价，提升自己的就业能力。

一、训练目的

1. 分析自己的就业优势、劣势、机会和威胁。
2. 找出差距，以弥补自己就业准备的不足。

二、训练步骤

1. 独立完成表7-2,并分析自己的就业优势、劣势、机会和威胁。

表 7-2　就业形势分析表(1)

项目	内容	备注
我的就业优势		
我的就业劣势		
我的就业机会		
我的就业威胁		

2. 请老师帮助分析你的就业优势、劣势、机会和威胁,如表7-3所示。

表 7-3　就业形势分析表(2)

项目	内容	备注
我的就业优势		
我的就业劣势		
我的就业机会		
我的就业威胁		

3. 请家长帮助分析你的就业优势、劣势、机会和威胁,如表7-4所示。

表 7-4　就业形势分析表(3)

项目	内容	备注
我的就业优势		
我的就业劣势		
我的就业机会		
我的就业威胁		

4. 请同学帮助分析你的就业优势、劣势、机会和威胁，如表7-5所示。

表7-5 就业形势分析表（4）

项目	内容	备注
我的就业优势		
我的就业劣势		
我的就业机会		
我的就业威胁		

5. 综合自己、老师、家长、同学的分析，评估自己的就业优势、劣势、机会和威胁，如表7-6所示。

表7-6 就业形势分析表（5）

项目	内容	备注
我的就业优势		
我的就业劣势		
我的就业机会		
我的就业威胁		

三、训练考核

反思：

我目前的就业劣势与威胁在于：

_____

我将从以下几个方面努力做好准备，以弥补自己的就业劣势，减少就业威胁：

_____

单元七　求职与就业培训

第二节　制作求职资料

我的应聘败在了简历上

大学前3年我都在一家贸易公司做兼职翻译，负责国际贸易的总经理曾对我许诺：毕业后直接来上班就行。大四大家求职到高峰时，我与他联系，他却委婉地告诉我，因为和埃及那边的合作取消，公司已经不需要阿拉伯语专业的人了。看着不知所措的我，宿舍的姐妹们要我立即制作个人简历。好朋友还叮嘱我一定要把简历做得漂亮些，哪怕数量少点也没关系，见到合适的公司一定要递上去，绝对不能错过任何机会。没有求职经验的我点头称是，拿出1 000元做了10套装潢华丽的简历，仅一套就是厚厚一叠。

招聘会热火朝天，要人的单位多，等着人要的大学生更多。我把简历一份份递上，可得到的回答不是专业不对口，就是需要有2年以上工作经历。虽然我极力辩解我有3年贸易公司兼职翻译经历，却因招聘会上太过吵闹淹没在嘈杂的人声里。

我终于看中一家集团的海外贸易部，负责招聘的大姐快速翻着我的简历，皱着眉头说："你什么专业的，到底要应聘什么部门，有什么特长啊，写这么多干吗！等电话吧！"说完"啪"的一声把简历扔进一大摞简历堆里，高声叫到："下一个！"

来回走了一圈，工作的事仍没着落，可简历却一份也不剩。正当我沮丧地准备离开时，却意外看到会场尽头角落里的环亚旅行公司。这家从事境外旅游的公司招聘栏上清楚地写着：阿拉伯语。我兴奋地走过去，负责招聘的中年男子笑着问我："小姐，你的简历呢？"我才意识到我手里一份简历都没了。

匆忙把姓名、学校、专业、特长填在一张空白纸上递给负责人，他皱着眉头收下，挤出笑容说："好的，那你等通知。"一个礼拜过去了，我没接到任何面试电话。打电话到"环亚旅行"，耐心报了我的学校、专业和姓名，可电话那头却冷着嗓子说："我们从来没收到你的简历！"而此时和我一个专业的某男生却成功应聘到我心仪的那家大集团海外贸易部。他告诉我，他的简历只做了两页，一页介绍自己的基本情况（包括各科成绩），一页是大学4年的社会活动简介。他一说完我顿时傻眼了。

思考一下：为什么"我"落选了？

相关知识

如果说求职的过程是一个推销自我的过程，那么应聘资料就像广告和说明书。

未见其人，先睹其文。自荐材料以书面形式体现一个人的学历、经历、专长、兴趣等，勾勒出完整面貌，甚至根据材料的排版格式、排列逻辑、语言词汇，也能解读出撰写者的气质、内涵。

一、个人简历的几个基本要素

（一）个人基本资料

个人基本资料包括姓名、性别、出生日期、籍贯、民族、政治面貌、健康状况、毕业院校、专业、学历、通信地址、联系方式等。

提示：不是简单列出，而是根据需要选择（身高、体重、婚否、身份证号），主要是列出你赢取该项工作的资本、你的优势。个人基本资料如表7-7所示。

单元七　求职与就业培训

表 7-7　个人基本资料

个人基本资料			
姓名		性别	
出生年月		籍贯	
民族		政治面貌	
健康状况		毕业院校	
专业		学历	
身份证号码			

（二）求职意向

一定要注明应聘的职位，便于招聘单位了解你的志向追求，从而做出正确的选择。

如果你认为一家单位有两个职位都适合你，可以向该单位同时投两份简历。

（三）教育经历（教育背景）包含培训经历

一般从高中起，采取倒叙方式。列出所读学校名称、专业、学习年限及相关证明等，让招聘单位了解个人学历背景，以判断与应聘工作的关联性。注意：有的人把小学、初中经历都写了上去，这完全没有必要，除非你初中有特殊成就，比如在奥林匹克竞赛中获过奖。

（四）所获奖励

所获奖励要求真实、准确。

（五）实践经历（实习实践、社会活动、社团、兼职经历）

中职生一般都没有正式的工作经验，但不可不写。

（1）实习、社会实践活动、各类社团活动等。

（2）假期、周末等空闲时间进行的勤工俭学、兼职、打工等，说明自己担任的工作、组织的活动以及特长、经验。注意：依据求职意向来选择、取舍。

（六）职业技能

外语和计算机水平、普通话、职业资格证书等。

无论是与你的所学专业有关还是单凭个人兴趣发展出来的专长，只要是与工作性质和岗位职责有关的，都应一一列出。这有助于招聘单位评估应聘者所长与应聘工作的要求是否相符，这些专长是否能给工作的顺利开展带来推动作用。

（七）自我评价

自我评价是个人在一个时期、一个年度、一个阶段对自己的学习和工作生活等表现的一个自我总结。自我评价是给用人单位的第一印象材料，所以同学们应该高度重视，实事求是，恰如其分地写好自我评价，这不仅有利于今后的不断完善和提高，也有助于择业目标的尽快实现。

知识链接

有人说："Your life is on a piece of A4 paper."

包含三层意思：

1. 将你所有的信息都包含在简历里；
2. 这张纸可能改变你一生的命运；
3. 你应该将你的简历的长度控制在一页A4纸，不能超过两张。

HR对每份简历的平均阅读时间为30秒，阅读方式是"扫描"。

扫描的对象不是段落和句子，而是"关键词"。

格式：大多采用表格的方式，目的是能够一目了然。

二、简历制作的要求

（一）真实客观

简历内容要真实，绝不虚构。简历不注水不等于把自己的方方面面，包括弱项都要写进去。

学习成绩一般：突出相关的高分课程，突出工作、实习、社团经历。

英语四级未通过：突出相关的工作能力、英语的应用能力。

跨专业求职：突出外语和计算机能力，突出辅修专业，突出实践实习经历。

（二）内容简洁

问题：简历不"简"，篇幅过长，简历内容不简练。

建议：简历一定要"简"，言简意赅。一般的简历以一页为宜，一定不能超过两页。

（三）有的放矢

要根据所求职位的要求取舍素材，做到重点突出。

问题："克隆"别人的简历，一份简历打天下。

危害："克隆"简历对求职有百害而无一利。

建议：不要"克隆"简历，量职打造，推出你的长处，如有多个求职目标，最好写多份不同的简历，在每一份简历中都突出重点，以期获得招聘者青睐。

针对职位突出自己可以胜任的优势，即使有很多经历和荣誉，也要有取舍，在内容的分布顺序上可以突破时间上倒叙的常规，要先重后轻，重要内容可以加黑，突出关键词语。

（四）语言准确

问题：写作太差，缺乏写作技能，文字功底欠佳。

后果：招聘单位最不能容忍那些有很多错别字，或在格式、语法、标点、排版上有技术错误的简历。

建议：撰写时反复修改、斟酌，不能有任何错误。

（1）语言要规范：不要有病句、错别字，标点符号使用规范。

（2）简历属实用型文体，以叙述、说明为主；引经据典、抒情、议论不可取，使用文学性的修饰语也不合适。

优秀简历如图 7-5 所示。

图 7-5 优秀简历

单元七　求职与就业培训

一份 30 个字的个人简历

有一次去参加一个公司的面试，面试通知邮件里最后有一条是：请携带不超过 30 字的个人简历。

我一看，这要求太苛刻了吧？我挨个把自己工作实习过的公司名字和读过书的学校名字列一遍都不止 30 个字了啊！我想了想，绝对不可能！应该是他们漏写了个 0 吧？于是，便也不去多想了。

等到面试那天，我带了份自认为已经是非常简洁的简历过去，一路上都觉得真是憋屈啊，很多东西没写进去呢，实在没有发挥我洋洋洒洒的特点，都没充分展示我的闪光点呢！但是没办法，还是尽量符合这个公司简洁精准的办事风格吧。

到了公司，我递交上我的简历后，三个面试官不约而同皱起了眉头。一个头发花白的外国男人问我："你这个字数超过 30 字了，起码得有 400 字吧，为什么不按我们的要求做？"

我愣了一下，什么？真的是 30 字？不是逗我玩？我有点怀疑地说："30 字？30 字写一篇简历是根本不可能做到的呀！这字数也太少了吧！"

一个女面试官用很凌厉的口气说："不可能？不可能的事情我们怎么会要求你做？"她说着把一叠简历亮在我面前，"他们都可能，为什么只有你不可能？"

我刷的一下脸就红了，支吾着说不出话。这是我唯一一次期待着面试官赶紧说："好了可以了，请你出去吧。"

那花白头发面试官又开口了："你觉得这个世界上不可能的事情，是因为你没有试着去做。"

我犹豫了一下说："谢谢您。我知道我的问题出在哪里了。不知道是否方便让我看一眼其他人的简历，我想知道自己的差距有多大。"他们几个互相望了一下，点头示意后将一沓简历递给我。我在拿过来的一瞬间，已经被最上面的一份震惊到了。

那整张纸上画了一个应该是以面试者自己为原型的卡通人物，最上面是他的名字，然后是一个巨大的脑袋，脑袋顶部是开放的，用一大片电脑芯片画成了原始森林的样子，旁边写着"computerized mind"（电脑化思维）；左手拿着画板，写着"Photoshop Skiller"（PS 技能）；右手举着一叠报告，写着

125

"Report Expert"（报告专家）；中间的领带处别着个话筒，上面写着"Good Presenter"（演讲特长）；心脏的位置画了一颗奇形怪状的心，写着"Creative heart"（创新之心）；脚踩锃亮的皮鞋，穿着毫无褶皱的西裤，旁边写着"Detail-cared"（注重细节）……我一边看，一边手心出汗。

这样一份不超过20个单词的简历，我在看完4年后的今天还能够一字不差地回想起来，并且画面栩栩如生，你可以想象它当时带给我的震惊，以及给面试官们带来的印象有多深刻。

接下来的一沓简历里，有的画一个大转盘，写出自己的几个特质；有的在一条竖直的时间轴上写了自己做成的几件大事；还有的剪切了几幅自己的作品粘上去的……总之，没有一个是多于30个字的！但是每一份简历我看完都如同看到了一个活生生的人站在我面前，我知道他的个性如何，特长是什么，有过什么值得称赞的荣誉。而我那张全是字的白纸，恐怕人家连看都不想看，即使看了，也不会留下任何印象。

我很不好意思地将一摞纸还给面试官，很诚恳地鞠了一躬："很抱歉浪费了你们的时间。在来这里之前，我总觉得有些事我做不到，就是不可能做得到的。谢谢你们让我知道我的想法有多愚蠢。谢谢。"

回去的一路，我走得很慢。我不是在难过失掉了这么一个工作机会，而是在难过地回想在过去的十几年光阴里我究竟失掉了多少次机会，让本该存在的可能，成了我嘴里的不可能。

后来，我试着去做一份字数在30字以内的简历，用了四个晚上后，真的也做出来了。

你可以为自己做出一份字数在30字以内的简历吗？

简历的制作

合理虚构自己毕业时的个人学业、持证数量及能力素质情况，根据前面所学的内容，基于自己所在的专业，向中外合资企业某公司写一份简历，岗位自行设定，内容完整翔实。

单元七 求职与就业培训

第三节 了解面试

情境导入

一家规模很大的公司正在招聘副经理一职，经过初试，他们从简历里选中了3位优秀的青年进行面试，拟从中选定一个。最后的面试由总经理亲自把关，面试的方式是跟3位应聘者逐个进行交谈。

面试之前，总经理特意让秘书把为应聘者准备的椅子拿到了外面。

第一位应聘者沉稳地走进来，他是经验最丰富的。总经理轻声对他说："你好，请坐。"应聘者看着自己周围，发现并没有椅子，充满笑意的脸上立即现出了些许茫然和尴尬。"请坐下来谈。"总经理再次微笑着对他说。他脸上的尴尬显得更浓了，有些不知所措，最后只得说："没关系，我就站着吧！"

第二位应聘者反应较为机敏，他环顾左右，发现并没有可供自己坐的椅子，立即谦卑地笑着说："不用不用，我站着就行！"第三位应聘者进来了，这是一个应届毕业生，一点经验也没有，他面试成功的概率是最低的。总经理的第一句话同样是："你好，请坐。"

大学生看看周围没有椅子，先是愣了一下，随后立即微笑着请示总经理："您好，我可以把外面的椅子搬一把进来吗？"总经理脸上的笑容终于舒展开来，温和地说："当然可以。"

面试结束后，总经理录用了最后一位应聘者，理由很简单：我们需要的是有思想、有主见的人，缺少了这两样东西，一切的学识和经验都毫无价值。

思考一下：故事中第三位应聘者与前两位相比，经验和能力可能是最差的，但有一点最宝贵的东西，那就是他具有独立自主的思想，能在问题出现的时候以最好的方式解决它，这就是独立更深一层的意义。

相关知识

面试是一种经过精心设计，以交谈与观察为主要手段，以了解被试者素质及有关信息为目的的一种测评方式。面试是求职应试中关键的一环，对于获得预想的工作有着至关重要的作用。面试的形式如图7-6所示。

图7-6 面试的形式

一、面试的形式

（一）个人面试

个人面试又称单独面试，指主考官与应聘者单独面谈，是面试中最常见的一种形式。这类面试的优点是能够提供一个面对面的机会，让面试双方较深入地交流，可以就细节与个人特殊问题交换意见。个人面试如图7-7所示。

图7-7 个人面试

个人面试所要谋求的是尽可能地挖掘出应聘者的真实内涵，通过交谈，进行相互了解。要牢记自己的目的是要让对方接纳自己，这是应聘者回答问题的出发点所在。

（二）集体面试

集体面试主要用于考查应聘者的人际沟通能力、洞察与把握环境的能力、组织领导能力等。在集体面试中，通常要求应聘者做小组讨论，相互协作解决某一问题，或者让应聘者轮流主持会议、发表演说等。集体面试如图 7-8 所示。

图 7-8　集体面试

知识链接

无领导小组讨论是最常见的一种集体面试法。众考官坐于离应聘者一定距离的地方，不参加提问或讨论，通过观察、倾听为应聘者进行评分，应聘者自由讨论主考官给定的讨论题目，这一题目一般取自拟任岗位的职务需要，或是现实生活中的热点问题，具有很强的岗位特殊性、情景逼真性、典型性及可操作性。

（三）按序面试

按序面试一般分为初试、复试与综合评定三步。初试一般由用人单位的人事部门主持，主要考查求职者的仪表风度、工作态度、进取心、责任感与机敏性，将明显不合格者淘汰。初试合格者则进入复试。复试一般由用人部门的主管主持，以考查应试者的专业知识和业务技能为主，衡量应聘者对拟任岗位是否合适。复试结束后再由人事部门会同用人部门综合评定每位应聘者的成绩，确定最终合格人选。

（四）分步面试

分步面试，一般是由用人单位的主管领导、处（科）长以及一般工作人员组成面试小组，按照小组成员的层次由低到高的顺序，依次对应聘者进行面试。实行逐层淘汰筛选，越来越严。应聘者要对各层面试的要求做到心中有数，力争在每个层次均给面试小组留下好印象。

（五）结构面试

结构化面试又称标准化面试，它是指用人单位对应聘相同职位者在面试前将面试中应考查的问题全部详细列出，并编制成"面试评分表"，面试时依据事先设计好的项目、问题逐一提问评分（见表7-8）。有关研究表明，结构面试中的内容一般包括四个部分：

（1）应聘者受教育（包括正规、非正规）的情况。目的在于了解其学识、社会知识阅历等素质修养与发展潜力。

（2）应聘者过去的学习、工作经历。目的在于了解求职者的基本条件。

（3）有关能力、技术及专业方面的内容。目的在于了解求职者对工作的胜任能力。

（4）其他有关志向、兴趣方面的内容。目的在于了解求职者的人生观、价值观、志趣等。

表7-8　面试成绩评分表

考号			姓名			
性别			年龄			
应考职位			所属部门			
面试内容	A	得分	B	得分	C	得分
仪表	端庄整洁	得分	一般	得分	不整	得分
	5		3		0	
表达能力						
态度						
进取心						

续表

实际经验	
稳定性	
反应能力	
评定总分	
评语及录用建议	
主考官	（签字）　　日期：　　年　　月　　日

（六）压力面试

压力面试，指主考官通过提出生硬的、不礼貌的问题故意使应聘者感到不舒服，针对某一事项或问题做一连串的发问，直至应聘者无法回答。其目的是确定求职者对压力的承受能力、在压力前的应变能力和处理人际关系的能力。

知识链接

无论面对何种压力测试，都应遵循基本的展现程序。第一，展示出一种职业成熟的心态，即面对压力，一定要放松和冷静。第二，展现信心，不管什么问题都要有信心，相信自己可以精彩地回答，这可以把思维模式导向成功。第三，在自己最擅长的领域展现自己的专业能力，千万不要跑到自己不熟悉的领域。

（七）组合面试

组合面试，是综合上述数种面试方式的面试，一般用于测评高级或重要职员。

二、面试测评的内容

面试测评的主要内容如表 7-9 所示。

表 7-9 面试测评的主要内容

项目	内容
仪表风度	这是指应聘者的体形、外貌、气色、衣着、举止、精神状态。像公务员、教师、公关人员、企业经理人员等职位，对仪表风度的要求较高。研究表明，仪表端庄、衣着整洁、举止文明的人，做事有规律，注意自我约束，责任心强
专业知识	了解应聘者掌握专业知识的深度和广度，其专业知识是否适合职位的要求，是对专业知识笔试的补充。面试对专业知识的考查更具灵活性和深度，提问题也更接近空缺岗位对专业知识的需求
工作实践	根据查阅应聘者的个人求职登记表，做相关的提问。查询应聘者有关背景及过去工作的经历，以了解其具有的实践经验，通过对工作与实践经验的了解，考查应聘者的责任感、主动性、思维能力、口头表达能力及遇事的理智状况等
表达能力	考查应聘者能否将自己的思想、观点、意见顺畅地用语言表达出来。考查的具体内容包括表达的逻辑性、准确性、感染力、音质、音色、音量、音调等
综合分析能力	面试中，考查应聘者能否对主考官所提的问题通过分析抓住本质，并且说理透彻、分析全面、条理清晰
应变能力	主要看应聘者对主考官所问问题理解得是否准确，回答的迅速性、准确性等，对突发问题的反应是否机智敏捷、回答恰当，对意外事情的处理是否得当等
人际交往能力	通过询问应聘者经常参与哪些社团活动，喜欢同哪种类型的人打交道，在各种社交场合所扮演的角色，了解应聘者的社交倾向及与人相处的技巧
自我控制能力与情绪稳定性	自我控制能力对公务员及许多类型的工作人员（如企业的管理人员）尤为重要。一方面在遇上级批评指责、工作有压力或是个人利益受到冲击时，能够克制、容忍、理智地对待，不致因情绪波动而影响工作；另一方面工作要有耐心和韧劲儿
工作态度	一是了解应聘者对学习、工作的态度；二是了解其对现应聘职位的态度。在过去学习或工作中态度不认真，做什么、做好做坏无所谓的人，在新的工作岗位也很难说能勤勤恳恳、认真负责

单元七　求职与就业培训

续表

项目	内容
上进心进取心	上进心、进取心强的人，一般都确立有事业上的奋斗目标，并为之努力。表现在努力把现有工作做好，且不安于现状，工作中常有创新。上进心不强的人，一般都是安于现状，无所事事，不求有功，但求无过，对什么事都不热心
求职动机	了解应聘者为何希望来本单位工作，对哪类工作最感兴趣，在工作中追求什么，本单位所能提供的职位或工作条件等能否满足其工作要求和期望
职业兴趣与爱好	应聘者闲暇时爱从事哪些运动，喜欢阅读哪些书籍，喜欢什么样的节目，有什么样的嗜好等，可以了解一个人的兴趣与爱好，这对录用后的工作安排常有好处
行为习惯	面试官会注意应聘者的行为方式，特别是细小的行为，因为下意识的行为可以真实地反映一个人的性格特征、道德修养等
单位介绍与答问	面试时考官还会向应聘者讲明本单位及拟聘职位的情况与要求，讨论有关工薪、福利等应聘者关心的问题并回答应聘者可能问到的一些问题等

案例分析

一次特别的面试

有一家五星级酒店到学校来招聘员工，这家酒店条件好、待遇高，班里的同学都争相报名，经过班主任的审核，最后决定让10名成绩好、平时表现较好的学生进入面试。面试前几分钟，同学们都候在外面，酒店人事经理却拿出来几把扫帚、几把拖把，还把几个垃圾铲胡乱地丢在门口。

面试一开始，首先是学习委员，他进门口时，停了一下，看看地上乱放的扫帚和拖把，闪过一边就进来了，面试顺利，两三分钟就走了。然后是劳动委员，进门口时，也停了一下，他弯腰把地上的工具收拾整齐，放到门后，然后再进来，面试时，经理问了很多问题，有的问题他都回答不上来，折腾了好久才走。一个工作人员走到门后，把整理好的扫帚、拖把又弄乱放在门口。下一个是班长，进门时，他停了一下，看见地上的工具乱放，疑惑不解地看看班主任和各位经理，班主任示意他收好，他动手收拾好才进来。他面试顺利，两三分钟就走了。工作人员又把扫帚随意摆放。接下来是班里学习成绩第一名的同学，纪律表现也好。进门时，他看了看地上的工具，说了一句，"是哪个缺德的乱丢扫把，让面试领导看了多不雅观"，然后用脚把扫帚往门外一踢就进来了，他面试也很快就结束了。接下来的同学都是闪开乱放的工具进来面试的。面试结束后，公布面试结果，只录用了班长和劳动委员。

10个同学都是成绩好的、平时表现好的，为什么只有班长和劳动委员面试成功？

常见面试问题及回答思路

面试时有的问题是随机提出的，但是有许多问题是经常出现的，可以事先仔细准备。面试的成败可能就取决于你能否做好这些准备工作。常见面试问题及回答思路如表7-10所示。

表7-10　常见面试问题及回答思路

问题	经验介绍
请你自我介绍一下	1. 介绍内容要与个人简历相一致； 2. 表述方式尽量口语化； 3. 要切中要害，不谈无关、无用的内容； 4. 条理要清晰，层次要分明； 5. 事先最好以文字的形式写好背熟
谈谈你的家庭情况	1. 对于了解应聘者的性格、观念、心态等有一定的作用，这是招聘单位问该问题的主要原因； 2. 简单地介绍家庭成员； 3. 强调温馨和睦的家庭氛围、父母对自己教育的重视； 4. 强调家庭成员对自己工作的支持、自己对家庭的责任感

续表

问题	经验介绍
你有什么业余爱好	1. 业余爱好能在一定程度上反映应聘者的性格、观念、心态，这是招聘单位问该问题的主要原因； 2. 最好不要说自己没有业余爱好，但不要说自己有那些庸俗的、令人感觉不好的爱好； 3. 最好不要说自己仅限于读书、听音乐、上网，否则可能令面试官怀疑应聘者性格孤僻； 4. 最好能有一些户外运动的业余爱好来"点缀"你的形象
谈谈你的缺点	1. 不宜说自己没缺点； 2. 不宜把那些明显的优点说成缺点； 3. 不宜说令人不放心、不舒服的缺点及严重影响所应聘的工作的缺点； 4. 可以说一些对于所应聘工作"无关紧要"的缺点，甚至是一些表面上看是缺点，但从工作的角度看却是优点的缺点
谈一谈你的一次失败经历	1. 不宜说自己没有失败的经历； 2. 不宜把那些明显的成功说成是失败； 3. 不宜说严重影响所应聘的工作的失败经历； 4. 宜说明失败之前自己曾信心百倍、尽心尽力，失败后自己很快振作起来，以更加饱满的热情面对以后的工作； 5. 说明仅仅是由于客观原因才导致失败
你认为你在校属于好学生吗?	1. 并不是只有学习成绩优秀才是好学生； 2. 在成绩、思想品德、实践经验、团队精神、沟通能力、学习、工作态度、能力方面突出自己出色的一面即可
你为什么选择我们公司?	1. 面试官试图从中了解你求职的动机、愿望以及你对此项工作的态度； 2. 建议从行业、企业和岗位这三个角度来回答； 3. 参考"我十分看好贵公司所在的行业，我认为贵公司十分重视人才，而且这项工作很适合我，我相信自己一定能做好"
我们为什么要录用你?	1. 应聘者最好站在招聘单位的角度来回答； 2. 招聘单位一般会录用这样的应聘者：基本符合条件、对这份工作感兴趣、有足够的信心； 3. 如："我符合贵公司的招聘条件，凭我目前掌握的技能、高度的责任感和良好的适应能力及学习能力，完全能胜任这份工作。我十分希望能为贵公司服务，如果贵公司给我这个机会，我一定能成为贵公司的栋梁!"

职业素养与职业规划

第四节　面试技巧

王强的三次面试失败经历

王强是某重点大学的毕业生，学习成绩非常优秀，在校期间曾多次组织和策划大型社团活动，有很强的综合能力和自信心。在得知国际知名企业微软来校招聘后，便拿起自己的简历前来应聘。

笔试轻松通过，到了面试环节。考官问："你知道Windows 7专业版在中国大陆地区的零售价是多少吗？"王强脱口而出："5元。"考官："可以了，下一位。"结果王强被淘汰了。但是他不气馁，在投了多份简历以后，终于得到了Google的面试机会，考官问："你是从哪里得到Google招聘信息的？"王强说："从百度上搜到的，我有使用百度搜索的习惯！"考官："可以了，下一位。"结果可想而知，王强又被淘汰了。王强在家人的帮助下，得到了去中国移动面试的机会，但是由于前一个晚上通宵打网游，第二天早上起来匆忙出门，连如何到达面试地点都不知道，迟到了半个小时，结果这次面试也失败了。

思考一下：王强三次面试失败的原因分别是什么？

相关知识

面试是推销自己的良机，相当于你从简历里走出来，站在面试官面前施展你的才能，让他们认识你、了解你并评价你，让他们相信你是最佳人选。面试实际上也是你与其他条件相当的应聘者竞争的过程，你要突出自己的长处，填补自己的短处，争取最后的胜利。

完整的面试过程，一般分为五个阶段，即准备阶段、开始阶段、主体阶段、尾声阶段与总结回顾，如图7-9所示。

图7-9 完整的面试过程

一、准备阶段

（一）正确评估自己的求职资格和工作能力

反复阅读自己的个人简历，使之烂熟于心，面试时你就能向对方侃侃而谈你的资格和能力，就能非常自信地推销自己。

（二）对目标单位和目标工作进行调查研究

通过多种信息渠道了解目标单位的性质、规模、组织结构、产品和服务、经营状况和发展前景。

对于目标工作的了解，应尽可能同该单位的员工谈谈话，或通过职业介绍处等部门进行了解，弄清楚有关目标工作的一些问题：工作职衔、工作职责、工作要求、事业发展、工作报酬、出差情况等。

（三）准备面试时可能谈论的问题

这包括两个方面：面试中可能要问到的问题及你在面试时要提出的问题。

面试前，对面试过程中对方可能向你提问的问题做好准备，答案要简短、清晰、中肯。你可以列出一些经常问到的问题，再对每个问题做简要的书面回答，然后熟记。这样做会使你在面谈时思路清晰、应对自如，恰当地处理好各种棘手的难题。

面试中，你的提问也十分重要，因为它能表明你已经知道了些什么和你能对目标单位做些什么，也能使你获得对目标单位和目标工作的评估信息，并帮助你把面谈的话题保持在对你有利的方向进行。

（四）注意服饰与仪容的第一印象

面试是一种正式场合，应当穿适合这一场合的衣服。穿着应以庄重为首要要求。要挑选自己质量最好的衣服，用心修饰一番自己的外表，衣服要整洁，皮鞋要系好鞋带，擦拭光亮，头发梳理整齐，指甲修剪干净，保持清新的呼吸气息。女同学不要戴太多的首饰，谨慎地化妆，切记不要浓妆。

另外，还要核实面试的具体地点和时间，按时赴约。

知识链接

面试应携带的物件

◆ 招聘广告的复印件。
◆ 求职信、简历的复印件。
◆ 你写过的文章、报告、计划书。
◆ 你曾获得的荣誉、学历、职业资格证书的原件和复印件。
◆ 打算向主考官提出的问题清单。

二、开始阶段

（一）快速适应面试环境

要对可能面临的面试环境有更加全面、准确的预测，并且根据现实场景随机应变，迅速适应现实的面试环境。

（二）留下良好的印象

（1）有礼貌地同面试官打招呼。如果面试官主动伸出手来，就报以坚定而温和的握手，如图7-10所示。

图 7-10　握手礼仪

（2）神态要保持亲切自然。应试者的表现应当热情诚挚、落落大方，这是自尊和自信的表现，也是面试官欣赏的表现。

三、主体阶段

面试的主体阶段是指面试的最主要环节，面试官就广泛的问题向应试者征询、提问，并根据应试者的回答和表现，对他们的能力、素质、心理特点、求职动机等多方面进行评价。要应付这种局面，应答得体，就一定要掌握应答中的基本要领。

（一）知之为知之，不知为不知

在面试场上，经常会遇到一些自己不熟悉、曾经熟悉现在却忘了或根本不懂的问题。面对这种情况，首先要保持镇静。其次不要不懂装懂，牵强附会，答得驴唇不对马嘴，还不如坦率承认自己不懂为妙。最后，不能回避问题，默不作声。应该明确告诉面试官你的看法，没把握的问题可以略答或致歉不答，但绝不能置之不理或拒而不答。

（二）确认提问内容，切忌答非所问

面试中，面试官提出的问题过大，以至于不知从何答起，或对问题的意思不明白，是常有的事。对于不太明确的问题，一定要采取恰当的方式搞清楚，请求面试官谅解并给予更加具体的提示。对面试官来说，与其听你"答非所问"的叙述，不如等你将问题搞明白再进行对话更轻松些。

(三) 冷静沉着，荣辱不惊

面试官可能故意挑衅，令你难堪，其真意是想观察你在这种场合以何言相对，从而考察你的适应性和处理问题的应变性。因此，应试者应事先有心理准备，面对为难之问，切勿表现出不满、怀疑、愤怒，要保持冷静，提示自己这是面试设置的虚拟场景而不是实际情况，不要去妄推面试官的不良目的，应表现得理智、容忍、大度，保持风度和礼貌，与面试官讨论问题的核心，将计就计。

(四) 正确判断面试官的意图，对症下药

（1）要注意识破面试官的"声东击西"策略。当面试官觉察到你不太愿意回答某个问题而又想有所了解时，可能采取声东击西的策略。

（2）面试官可能采用投射法测验你的真实想法。所谓投射就是以己度人的思想方法。

（3）要分析判断面试官的提问是想测验你哪方面的素质和能力或其他什么评价要素，有针对性地回答。

四、尾声阶段

这一阶段应试者应善于察言观色，要注意对方结束面试的暗示，采取相应的灵活措施。应试者最重要的任务之一就是创造时机、抓住时机重申一下自己的任职资格及求职意愿。若告辞前面试官没有明确告知你什么时候可以接到面试结果通知，你可以向他提出这个问题。告辞时一般要面带微笑，并说感谢对方给了自己这次面试机会之类的话，并挥手告别，给人留下好印象。

五、总结回顾

面试后，还应对这次面试的情况进行总结和回顾，记录面试所谈的主要内容，并对你在面试中的表现简要做出客观评价，哪些方面做得好，哪些方面没有做好，从中吸取教训，总结经验，为你以后的面试打好基础。

单元七　求职与就业培训

案例分析

很多年前，一位知名企业的董事长想要招聘一名助理。对于求职者来说这是一个非常好的提升自己的机会，于是，一时间，应征者云集。经过严格的初选、复试、最终面试，董事长最终挑中了一个毫无经验的应届生。

人事经理对他的决定有些不理解，于是问他："那个年轻人胜在哪里呢？他既没带一封介绍信，也没受任何人的推荐，而且毫无经验。"董事长说："的确，他没有介绍信，刚从大学毕业，一点经验也没有，但他有很多东西更可贵。他进来的时候在门口蹭掉了脚下带的土，进门后又随手关上了门，这说明他做事小心仔细；当看到那位身体上有些残疾的求职面试者时，他立即起身让座，表明他心地善良、体贴别人；进了办公室他先脱去帽子，回答我提出的问题也是干脆果断，证明他既懂礼貌又有教养。"董事长顿了顿，接着说："面试之前，我在地板上扔了本书，其他所有人都从书上迈了过去，而这个年轻人却把它捡起来了，并放回桌子上；当我和他交谈时，我发现他衣着整洁，头发梳得整整齐齐，指甲修得干干净净。在我看来，这些细节就是最好的介绍信，这些修养是一个人最重要的品牌形象。"

想一想

诺贝尔曾经说过这样一句话："要想获得成功，应当事事从小处着手。"而关注细节的人无疑也是能够捕捉创造力火花的人。一个不经意的细节，往往能够反映出一个人最深层次的修养。看不到细节，或者不把细节当回事的人，对工作缺乏认真的态度，对事情只能是敷衍了事。这种人无法把工作当作一种乐趣，而只是当作一种不得不受的苦役，因而在工作中缺乏工作热情。他们只能永远做别人分配给他们做的工作，甚至即便这样也不能把事情做好。而考虑到细节、注重细节的人，不仅认真对待工作，将小事做细，而且注重在做事的细节中找到机会，使自己走上成功之路。

拓展训练

活动：模拟面试

一、训练目的

1. 运用并掌握面试基本技能技巧。
2. 按照一般面试程序体会求职过程。

二、训练步骤

1. 教师课前进行情景设计，针对具体岗位进行面试模拟。
2. 练习面试中的礼仪、语言的组织、表情、行为等。
3. 学生讨论，点评模拟应聘者整体表现不当之处。
4. 教师在课堂上进行讲评和总结。

三、训练考核

1. 面试基本程序和要求。
2. 面试行为控制技巧。

模拟面试如图7-11所示。

图7-11　模拟面试

单元八

团队合作

单元引言

通过本专题的学习你可以了解初入职场的新人应该以怎样的心态开始工作。学会通过正常工作的交流，建立与人的交际关系，找到融入团队的最快的途径。团队精神对任何一个组织来讲都是不可缺少的精髓，否则就如同一盘散沙。

学习目标

知识目标

1. 了解团队的含义。
2. 了解采取团队合作的意义。
3. 增强团队责任。
4. 执行团队任务。
5. 了解如何才能融入团队氛围。

能力目标

1. 了解工作环境中责任意识以及工作责任的重要性。
2. 了解初入职场的新人应该以怎样的心态开始工作。
3. 学会承担自己的责任，实现自己在社会中的价值。

素养目标

1. 了解"没有任何借口"是职业化最基本，也是最重要的素养。
2. 了解职场新人在工作中应如何执行团队领导的任务安排。

第一节 融入团队氛围

情境导入

航天科技"嫦娥""神舟""北斗"团队：追逐梦想 勇于探索

"嫦娥""神舟""北斗"团队分别荣获"最美奋斗者"称号。

2021年6月17日9时22分，长征二号F运载火箭成功地将神舟十二号载人飞船送入预定轨道；3名航天员先后进入空间站天和核心舱，标志着中国人首次进入属于自己的空间站。

中国航天科技集团"神舟"团队作为负责我国所有载人航天器研制设计工作的主力军，是党和国家创新发展载人航天的国家队。面对规模最大、系统最复杂、技术难度最高的航天器，"神舟"团队从零起步，取得了包括神舟飞船、天宫空间实验室、天舟货运飞船和空间站核心舱在内的10多艘载人航天器飞行试验任务连战连捷的优异成绩，将17人次航天员成功送上太空并安全返回，实现了载人天地往返、航天员出舱、空间交会对接、推进剂在轨补加等多项核心技术的突破，顺利完成载人航天工程的第一步和第二步，并向着实现"建成空间站"的第三步目标不断前进，走出了一条有中国特色的飞天之路。"神舟"飞船如图8-1所示。

图8-1 "神舟"飞船

2020年6月23日，北斗三号全球卫星导航系统星座部署全面完成；2020年7月31日，北斗三号全球卫星导航系统建成并正式开通。亲历了北斗研制的人们为此百感交集：从2000年完成北斗一号系统建设、中国有了自己的导航卫星，到2012年完成北斗二号系统建设、北斗卫星导航系统正式提供区域服务，再到2020年完成北斗三号系统建设、为全球用户提供高质量服务……20多年来，中国航天科技集团北斗团队始终用更精、更稳、更准的高难度指标要求自己。无论是北斗卫星还是"北斗专列"长三甲系列火箭，"北斗"团队迎难而上、敢打硬仗、接续奋斗，攻克了一道又一道的科技难关，实现了关键器部件100%国产化，向全世界展示了一个又一个"中国精度"。北斗卫星导航系统如图8-2所示。

图8-2 北斗卫星导航系统

中国航天科技集团"嫦娥"团队勇于创新，集智攻关，成功研制出我国第一颗月球探测卫星嫦娥一号，实现了我国航天史上继人造地球卫星、载人航天飞行后的第三个里程碑；成功研制我国第一个行星际探测器嫦娥二号，使中国成为国际上第三个飞入拉格朗日点、第四个开展小行星探测的国家；成功研制嫦娥三号探测器，首次实现我国地外天体软着陆和巡视探测，使我国成为第三个成功实现地外天体软着陆和巡视勘察的国家；成功研制嫦娥四号探测器，实现人类首次在月球背面软着陆和巡视勘察；成功研制嫦娥五号探测器（见图8-3），首次实现了我国地外天体采样返回，完成了我国航天事业发展里程碑式的新跨越，也标志着我国具备了地月往返能力，完美实现了"绕、落、回"三步走规划目标，为我国未来月球与行星探测奠定了坚实基础。嫦娥团队取得的辉煌成果，也孕育了"追逐梦想、勇于探索、协同攻坚、合作共赢"的探月精神,激励航天人继续书写一个又一个精彩篇章……

图 8-3　嫦娥五号探测器

思考一下:团队为什么比个人有更强的战斗力?

相关知识

一、团队概述

1994 年,组织行为学权威、美国圣迭戈大学的管理学教授斯蒂芬·罗宾斯(见图 8-4)首次提出了"团队"的概念:为了实现某一目标而由相互协作的个体所组成的正式群体。这里把团队定义为:团队是由员工和管理层组成的一个共同体,该共同体合理利用每一个成员的知识和技能协同工作,解决问题,达到共同的目标。

图 8-4　斯蒂芬·罗宾斯

二、采取团队形式的意义

1. 创造合作精神

以团队方式展开工作，促进了成员之间的合作并提高了员工士气。团队规范在鼓励其成员努力工作的同时，还促进了增加工作满意度的转变。

2. 使管理层有时间进行战略思考

采用团队形式，使得管理者得以脱身去做更多的战略规划。

3. 促进员工队伍多元化

不同背景、不同经历的个人组成的团队，看问题的广度要比单一性质的群体更大，同时做出的决策也要比单个个体决策更有创意和更具可操作性。

4. 提高绩效

团队的工作绩效明显要高于单个个体的工作绩效。与传统的以个体为中心的工作设计相比，团队工作方式可以减少浪费、避免官僚主义、积极提出工作建议并提高工作效率。

团队如图 8-5 所示。

图 8-5　团队

三、如何融入团队

融入一个团队要遵循以下几个要领：

低——放低姿态。无论你以前在何处有什么值得炫耀的成绩，或者在学校里如何引人注目，都要牢记自己在工作资历方面基本是一无所有，要尊重每一个老同事,不要对别人的行为评头论足,明白别人怎么做那是别人的事,重要的是自己的工作做得如何,要认识到每一个存在即是合理!

忍——小不忍则乱大谋。面对周围人的冷言冷语甚至小动作,不公开、不回应、不传播、不介入,兢兢业业做好自己的工作,让你的工作成绩能被看得到,任凭风浪起,稳坐钓鱼船。

和——与团队融合。加快融于团队的进程,迅速变成团队的"自己人"。沟通要从心开始,要交新朋友,在新团队中尽快找一两个可以很好交流的新朋友,扎下根基,通过个别人的认可逐步获得整个团队的认可。

很多职场新人由于经验不足,表现出无所适从。为此,职场新人不妨在以下几个方面作些努力(见图 8-6):

图 8-6　融入团队的方式

(一) 遵守规章制度

作为新人,遵守制度是起码的职业道德。入职后,应该首先学习员工守则,熟悉企业文化。以便在制度规定的范围内行使自己的职责,发挥所能。

(二) 学会与人共事

作为职场新人,即使你的专业功底再强,但经验显然不足。要使自己能在岗位上"脱颖而出",离不开同事的帮衬和扶持。对职场前辈采取恭谦之态乃为上策,尽量地不介入人事关系中的是非旋涡,保持中立。

单元八　团队合作

（三）上班不做私事

很多新人无拘无束惯了，以为既然定了岗，就可以高枕无忧，尤其是在完成了手上的工作后，利用上班的时间做些私事，如看一些与业务无关的书刊，与旧友"煲"电话，或在网上聊天，这些都是妨碍你进步的大忌。

（四）多为团队考虑

一个忠于职守的员工做事应多为团队考虑，大到完成一个项目，小到复印资料，在保证完成好本职工作的前提下，应该本着高效节约的原则，能省则省，一个处处为团队考虑的人任何人都会喜欢。

（五）制定长远目标

好高骛远、不切实际的想法是不可取的。工作不久，这山望着那山高，提些不合理的要求，或者干脆以辞职走人相要挟，这肯定会招致领导的反感。应该制订好自己的发展规划，一步一步地去实现自己的人生目标。

（六）稳定工作心态

既来之，则安之。光讲索取，不讲奉献，朝三暮四，做事总是一副心不在焉的样子，这样的员工谁会喜欢？稳定好自己的情绪和心态，踏实地做好手上的工作，这才是立业之本。说到底，天下没有好端的饭碗，与其来回跳槽，还不如就地成才，开花结果。

案例一：地狱与天堂

牧师请教上帝：地狱和天堂有什么不同？

上帝带着牧师来到一间房子里。一群人围着一锅肉汤，他们手里都拿着一把长长的汤勺，因为手柄太长，谁也无法把肉汤送到自己嘴里。每个人的脸上都充满绝望和悲苦。上帝说，这里就是地狱。

上帝又带着牧师来到另一间房子里。这里的摆设与刚才那间没有什么两样，唯一不同的是，这里的人们都把汤舀给坐在对面的人喝（见图8-7）。他们都吃得很香、很满足。上帝说，这里就是天堂。

同样的待遇和条件，为什么地狱里的人痛苦，而天堂里的人快乐？原因很简单：地狱里的人只想着喂自己，而天堂里的人却想着喂别人。

图 8-7 天堂的汤勺

想一想

天堂与地狱为什么会不一样？

在一个团队里，如果成员没有团队意识，各行其是，那么团队的目标将永远无法实现。

案例二：团结协作——大力弘扬新时代女排精神

在女排世界杯赛上，中国女排以十一连胜的战绩卫冕，她们在赛场上表现出的团结协作令人难忘。每一次发球、传球、进攻，都显示出女排队员之间的团结精神，手挽手，一条心，"赢了一起狂，输了一起扛"，用团队的力量去战胜一切，是对这种精神最完美的诠释。

团结一心、同舟共济，是女排精神不变的底色。中国女排自建队以来，始终坚持和发扬集体主义精神，无论是教练员、运动员，还是工作人员，每个人都为了集体的荣誉拼搏、奋斗。

郎平说："在我的字典里，'女排精神'包含着很多层意思。其中特别重要的一点，就是团队精神。女排当年是从低谷处向上攀登，没有多少值得借鉴的经验，但是在困难的时候，大家总能够团结在一起，心往一块想、劲往一处使。"正是过去几十年里几代人默默的无私奉献，风雨同舟，才铸就了中国女排这个闪耀着团结协作光彩的英雄集体。

队长朱婷说:"有时候训练很辛苦,我就会想到,打排球不仅仅是为了自己,还是集体荣誉的一部分,就会咬牙坚持下去。"集体主义精神不仅展现在中国女排过去的训练、比赛、生活中,还将传承下去,成为中国女排接续奋斗的强有力支撑。

聚是一团火,散是满天星。不仅中国女排,任何集体项目和个人项目的成功,都需要团结协作的集体主义力量。个人拼搏是为了团队的成功,个人能力的发挥是集体智慧的展现。将个人奋斗融入集体智慧之中,集体的力量与个人的努力在团结协作中才能获得高度统一,形成强大的合力,释放出巨大的能量。在任何情况下,集体的利益和荣誉必然高于一切,而"团结"更是制胜的核心要义。倘若只顾自己而忽视集体,甚至认为个人高于集体,这样的团队不可能成功。团结协作能够激发出团队的最大战斗力,催生巨大的前进动力,让团队为实现目标而众志成城,团结奋斗。

习近平总书记在庆祝中华人民共和国成立70周年招待会上强调,团结是铁,团结是钢,团结就是力量。团结是中国人民和中华民族战胜前进道路上一切风险挑战、不断从胜利走向新的胜利的重要保证。

什么是女排精神?女排为什么能从一个胜利里走向另一个胜利?

活动一:无敌风火轮

(一)规则与程序

(1) 项目类型:团队协作竞技型。
(2) 道具要求:报纸、胶带。
(3) 场地要求:一片空旷的大场地。
(4) 游戏时间:10分钟左右。
(5) 详细游戏玩法:12~15人一组利用报纸和胶带制作一个可以容纳全体团队成员的封闭式大圆环,将圆环立起来全队成员站到圆环上边走边滚动大圆环，如图8-8所示。

（6）活动目的：本游戏主要为培养学员团结一致、密切合作、克服困难的团队精神，培养计划、组织、协调能力，培养服从指挥、一丝不苟的工作态度，增强队员间的相互信任和理解。

图8-8　无敌风火轮

（二）相关讨论

1. 你是否在与陌生人沟通时会有恐惧感？你认为如何才能有效克服公众场合交流的恐惧心理？

2. 你认为是否有必要在工作中组建一个团队？请说出你的理由。

3. 在团队中如何才能找到归属感？如何来帮助团队取得成绩？

活动二：坐地起身

（一）规则与程序

（1）项目类型：团队合作型。

（2）道具要求：无须其他道具。

（3）场地要求：空旷的场地一块。

（4）项目时间：20~30分钟。

（5）详细游戏规则：

a. 要求四个人一组，围成一圈，背对背地坐在地上（见图8-9）；

b. 在不用手撑地的情况下站起来；

c. 随后依次增加人数，每次增加2个直至10人。

在此过程中，工作人员要引导同学坚持，坚持，再坚持，因为成功往往就是再坚持一下。

(6) 活动目的：这个任务体现的是团队成员之的配合，该项目主要让大家明白合作的重要性。

图 8-9　坐地起身

(二) 相关讨论

(1) 请参加活动的成员谈谈自己的感受，尤其是要求出现失误者谈谈自己的感受。

(2) 请负责监督的成员谈谈观后感。

(3) 在这个活动中，对一个团队的成功起着至关重要的因素是什么？

活动三：效果评估——评估你的团队工作适合度

(一) 情景描述

越来越多的工作已经不是一个人可以独立完成的了。无论是在职场上还是生活中，你认为自己的性格适合团队工作吗？你还不是很确定吗？

1. 出门买衣服，你通常会（　　）。

A. 自己一个人去（1分）

B. 和家长一起去（3分）

C. 找朋友一起去买（5分）

2. 朋友请你吃饭，而你那天有工作，你会（　　）。

A. 坦白地说有工作（3分）

B. 和朋友说自己约了父母（1分）

C. 和朋友说有事，下次自己请对方补偿回来（5分）

3. 每天洗完脸之后，你都会（　　）。

A. 不用毛巾擦，等水自然干掉（1分）

B. 用护肤品保养（5分）

C. 用毛巾擦干，不用护肤品（3分）

4. 你希望自己的恋人可以在什么方面帮助你（　　）。

A. 生活方面（3分）

B. 工作方面（5分）

C. 与其他人相处方面（1分）

5. 考试的时候，你每次都（　　）。

A. 检查到最后一分钟（1分）

B. 答完就交卷（5分）

C. 答完检查一遍就交卷（3分）

6. 你认为临时抱佛脚这种做法是（　　）。

A. 完全没有效果的（5分）

B. 至少比没有做的好（3分）

C. 没有能力的人的做法（1分）

7. 有限定时间的作业，你通常会（　　）。

A. 提前几天做好（1分）

B. 到最后一天晚上赶（3分）

C. 经常交晚（5分）

8. 在公共汽车站有陌生人和你聊天，你会（　　）。

A. 很高兴地和他交谈（5分）

B. 不理那个人（1分）

C. 马上跑掉（3分）

9. 你认为一个乞丐最需要的是什么（　　）。

A. 尊重（5分）

B. 金钱（3分）

C. 可怜的心情（1分）

10. 你心目中最幸福的生活是（　　）。

A. 有用不完的钱（1分）

B. 有很多漂亮的异性陪在身边（3分）

C. 和一个人平淡地过一辈子（5分）

(二) 评估标准和结果分析

1. 总分小于18分：A型

团体工作适合度：10%

你天生缺乏胆量，害怕受到伤害，又爱面子，即使跟一大帮朋友在一起玩，你也很被动，很在意人家怎样看你。

2. 19~28分：B型

团体工作适合度：30%

你是一个在生活中并不和大众同步化的人，你习惯做自己喜欢做的事情，不愿意也不会轻易听信别人的劝告或者意见；你不愿意被约束，哪怕很多时候知道自己失败的可能比成功还大，也要坚持自己的想法。

3. 29~36分：C型

团体工作适合度：50%

你是一个对于生活和工作并没有多少激情的人，你认为生活就是平凡的，工作或者做事也是平凡的；你没有办法让自己在群体中显得闪闪发光，一切对于你来说，都只是生活中需要做的事情和需要走的路，所以你也是一个不会介意和别人一起在团队中工作的人。

4. 37~41分：D型

团体工作适合度：75%

你是一个和同龄人比起来比较不愿意一个人独立完成工作或者任务的人。这和你比较强的依赖心理有很大的关系。尤其是在责任重大的工作面前，你显得比其他人都容易胆怯或者担心。团队工作对于你来说不但是锻炼的机会，也给了你适应工作环境的机会。

5. 大于41分：E型

团体工作适合度：95%

恭喜你！你已经可以被评选为生活中的人气王了！因为你是一个特别懂得人际交往的人，同时你也是一个喜欢和朋友在一起，喜欢做可以和很多人打交道的工作的人。对于你来说，团队工作简直是比个人独立工作好很多倍的事情，团队工作会让你觉得很幸福。

职业素养与职业规划

第二节 增强团队责任

情境导入

民族企业——华为

华为,这个名字已经深深地刻在了我们的心中。作为一家华丽的科技巨人,华为不仅在技术创新和市场竞争中取得了辉煌的成就,更以其自强不息、追求卓越的企业精神,展现了巨大的生命力和活力。

华为始终将自身的发展视为国家和全球技术进步的一部分。华为坚信技术的力量,认为技术改变世界,为社会带来更多的可能性。因此,华为不仅在技术研发上投入巨大的资源,培养了一支庞大、高素质的研发团队,还积极与全球合作伙伴开展创新,共同推动科技进步。

华为始终坚持以客户为中心,以满足客户需求为己任,努力提供更好的产品和服务。华为认识到客户是自身存在和发展的源泉,只有为客户创造价值,才能获得客户的认可和信任。因此,华为在产品和技术的发展过程中,注重深入了解客户需求,从客户的角度出发,反复优化产品和服务,以不断超越客户的期望。

华为也不断践行社会责任,积极致力于构建可持续发展的未来。华为相信,对于一个企业而言,只有通过实现自身可持续发展,才能为社会和人类创造更大的价值。因此,华为在努力成为行业领导者的同时,也积极履行企业的社会责任,参与公益事业、推进可持续发展,为社会做出积极贡献。

华为的发展历程充满了挑战和艰辛,但面对困难,华为一直保持着坚韧不拔的品质。华为团队始终以乐观的心态面对每一个挑战,以坚定的决心克服每一个困难。这种自强不息的精神让华为不断超越自我,取得了一个又一个令人瞩目的成就。

在这个充满竞争的世界中,华为的自强不息精神向我们传递出一种积极向上的力量,鼓舞着我们在自己的领域中继续努力。让我们一起向华为致敬,向

单元八　团队合作

华为的商业智慧、创新能力和社会责任感致以最崇高的敬意。

思考一下：华为有着怎样的企业精神？

相关知识

一、工作中的责任意识

责任意识，是工作的第一要务。每一个职场新人都应牢牢记住这句话："这是你的工作！"不管碰到什么问题，不管遇到什么阻碍，我们都要服从团队的命令，服从是团队责任的具体体现。只有具有团队责任的人才能在竞争激烈的职场中有良好的发展。

责任是成就事业的可靠途径。责任出勇气，出智慧，出力量。有了责任心，再危险的工作也能减少风险；没有责任心，再安全的岗位也会出现险情。责任心强，再大的困难也可以克服；责任心差，很小的问题也可能酿成大祸。

责任也是实现人的全面发展的必由之路。有理想、有道德、有文化、有纪律，都与责任相联结，都通过履行责任来体现，来升华。每个人只有在全面履行责任的过程中，才能使自己的潜在能力得到充分的挖掘和发挥。每个人只有在推动社会进步的过程中，才能实现个性的丰富和完美。

既然你选择了这个职业，选择了这个岗位，就必须接受它的全部，而不是仅仅享受它给你带来的益处和快乐，就算是委屈和责骂，那也是这个工作的一部分。

美国前教育部长威廉·贝内特曾说："工作是我们用生命去做的事。"对于工作，我们又怎能去懈怠它、轻视它、践踏它呢？我们应该怀着感激和敬畏的心情，尽自己的最大努力，把它做到完美。当我们试图以种种借口来为自己开脱时，让这句话来唤醒你沉睡的意识吧：记住，这是你的工作！

作为团队，责任体现为以效率和效益为中心，创新发展；遵纪守法，做社会公民；爱护成员，使成员健康成长；尊重合作伙伴，平等互利，合作共赢，实现共同成长；爱护团队客户，关注需求，倾心服务，实现价值共享；热心社区公益，奉献爱心，营造和谐，实现共同进步。

作为团队成员，要对自己负责，修身致知，健康成长；要对团队负责，尽心尽力，尽职尽责；要对家庭负责，奉养尊亲，忠诚慈爱；要对社会负责，明礼诚信，爱国守法。

"天地生人，有一人当有一人之业；人生当世，生一日当尽一日之勤。"人，只有承担起自己的责任，实现自我在社会中的价值，才能展现人的意义。一个团队，只有建设好自己的团队文化，培养协作和团队精神，才能持续地良性发展。

二、培养责任意识

责任心体现在三个阶段：第一阶段是做事情之前，此阶段执行者要目标明确、顾及后果、信心十足、有实现目标的激情；第二阶段是做事情的过程中，在这个阶段，执行者在整个执行过程中，注重每一个细节，尽职尽责，尽量控制事情向好的方向发展，防止坏的结果出现；第三阶段是事情做完出了问题后，要勇于承担责任和积极承担责任，这不仅是一个人的勇气问题，而且也标志着一个人的心地是否自信，是否光明磊落，是否恐惧未来，是否敢于负责。责任心三个阶段如图8-10所示。

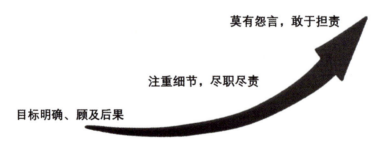

图8-10 责任心三个阶段

1. 自动自发

一个做事主动的人，知道自己工作的意义和责任，并随时准备把握机会，展示超乎他人要求的工作表现。

2. 贵在坚持

职业生涯中，成功需要具备两个重要条件：坚持和忍耐。只要有坚强的意志，一个庸俗平凡的人也会有成功的一天；否则，即使是一个才识卓越的人，也只能遭到失败的命运。

3. 敢于承担

在工作中经常会遇到这种情形：你的工作堆积成山，压得你喘不过气来，

单元八　团队合作

而这时上级却又给你布置新的任务。你不要有怨言，不然很可能会被认为没有能力，或缺乏工作热情。你应该把上级交给你的重任，看作是对你的信任。当所交付的任务确实有难度，其他同事畏缩不前时，要有勇气出来承担，关键时刻显示你的胆略、勇气及能力。

4. 充满激情

那些对工作充满激情的人，犹如熊熊火炬，既能燃烧自己，也能感染影响别人。

案例一：白求恩的故事

白求恩（见图8-11）同志毫不利己专门利人的伟大精神一个重要的体现就是他对工作极端的负责任。对工作极端的负责任贯穿于白求恩的每一个行动，甚至他的每一句话。

图8-11　白求恩

有一次，白求恩在病房里看到一个小护士给伤员换药，发现药瓶里装的药与药瓶上标签名称不一致，也就是说，药瓶里的药不是应该用的药，这怎么行呢？如果要用错了，会出问题的。白求恩严肃地批评了那个小护士，告诉她，做事这样马虎，会出人命的。

白求恩用小刀把瓶子上的标签刮掉，并说："我们要对同志负责，以后不允许再出现这种情况。"

小护士挨了批评，脸涨得通红，眼泪都要流出来了。白求恩心里很生气，但他控制着自己的情绪说："请你原谅我脾气不好，可是，做卫生工作一定要认真，不严格要求不行啊！"

事后，白求恩向政委提出，要加强教育，提高工作人员的责任心，才能把工作做好。

白求恩不仅用高超的医术救治伤员，他还主动提出，要办一所模范医院，亲自编写教材，亲自制作医疗器械，亲自为八路军医生上课，为八路军培训了大批的医务人员。这也体现了他对工作极端地负责任，千方百计改进工作。

想一想

1. 对案件中的白求恩的行为，要是你的话，你能做到吗？
2. 一个人的工作态度和他所承担的社会责任有什么关系？

当你把你的工作当作一项事业来做，把自己的职业与工作联系起来，你就会觉得自己所从事的是一份有价值、有意义的工作，并且从中可以感觉到使命感和成就感，从而会彻底改变工作中的态度。

案例二：曾子杀彘的故事

曾子的夫人到集市上去，他的儿子哭着闹着要跟着去。他的母亲对他说："你先回家待着，待会儿我回来杀猪给你吃。"她刚从集市上回来，曾子就要捉小猪去杀。她就劝止说："只不过是跟孩子开玩笑罢了。"曾子说："妻子，可不能跟他开玩笑啊！小孩子没有思考和判断能力，要向父母亲学习，听从父母亲给予的正确的教导。现在你欺骗他，这是教孩子骗人啊！母亲欺骗儿子，儿子就不再相信自己的母亲了，这不是现实教育的方法。"于是曾子就杀猪煮肉给孩子吃。

想一想

1. 你对案例中的曾子的做法是否认同？
2. 你怎么理解"言而有信，对自己的言语负责，这一点比万贯家财来得更为珍贵"这句话？

父母对自己的言行是否负责，会直接影响到孩子的人品和性格。团队中的责任也是一样的道理。不要轻易对别人许诺，一旦许下诺言，就是你的责任，就要尽可能照此执行。所以，承诺要谨慎，付出要积极。实在做不到，也应解释清楚，有条件的话，尽快将此补上。这看起来像是小事，如果不能实现自己的诺言，团队成员就不会再听信你的话，因为他们会觉得你在欺骗他们。

单元八　团队合作

案例三：80 年的责任

武汉市都阳街有一座建于 1917 年的 6 层楼房，该楼的设计者是英国的一家建筑设计事务所。20 世纪末，这座叫作"景明大楼"的楼宇在漫漫岁月中度过了 80 个春秋后的某一天，它的设计者远隔万里，给这一大楼的业主寄来一份函件。函件告知：景明大楼为本事务所在 1917 年所设计，设计年限为 80 年，现已超期服役，敬请业主注意。

想一想

1. 你对本案例中的设计者的做法有何感想？
2. 讨论一下在我们的社会中有哪些反面的例子？这些例子都说明了什么问题？

80 年前盖的楼房，不要说设计者，连当年施工的人也不会有一个在世了吧？然而，至今竟然还有人为它的安危操心！操这份心的，竟然是它的最初设计者，一个异国的建筑设计事务所！经历了两次世界大战，还能把客户的资料保存得这样好，能有这样一份责任心的企业全球恐怕不多见，也只有这样有责任心的企业才能真正成为百年老店。

拓展训练

活动一：勇于承担责任

（一）规则与程序

1. 每队 4 个人，两人相向站着，另外两人相向蹲着，站着和蹲着的人是一边。
2. 站着的两个人进行猜拳，猜拳胜者，则由猜拳胜者一边蹲着的人去刮对方一边蹲着的人的鼻子。
3. 输方轮换位置，即站着的人蹲下，蹲着的人站起来，继续开始下一局。

（二）相关讨论

1. 如何看待责任？
2. 当别人失败的时候，你有没有抱怨？

3. 两个人有没有同心协力对付外界的压力？

活动二：连续报数

（一）规则与程序

1. 每队8个人，一人当监督员，7个人围坐。
2. 每人手中拿着一根筷子，用以敲击桌子。
3. 确定一个人为首位报数者，首先喊"1"，右转，依次报数。
4. 逢7或7的倍数，不能读出来，而是以敲桌子来代替。
5. 到了规定数字没有敲击桌子，或者边报数边敲击，监督者要马上叫停。
6. 其他人观看并监督，找出酿成错误的责任者，在其头上戴一个纸帽子，或者在成绩单上记载过失一次。如果监督者没有喊停，监督者也要承担责任。
7. 继续报数，直到无错误地报到数到99停止。
8. 在两次内达到目标的小队，获得奖励。重复三次仍然无法顺利完成报数的，将记过失一次。

（二）相关讨论

1. 请分析失败的原因。
2. 当合作出现障碍时，你认为该怎样解决？

活动三：效果评估——评估你是一个有责任感的人吗？

（一）情景描述

1. 与人约会，你通常准时赴约吗？
2. 你认为自己可靠吗？
3. 你会因未雨绸缪而储蓄吗？
4. 发现朋友犯法，你会通知警察吗？
5. 出外旅行，找不到垃圾桶时，你会把垃圾带回家去吗？
6. 你经常运动以保持健康吗？
7. 你忌吃垃圾食物、脂肪含量过高的食物和其他有害健康的食物吗？
8. 你永远将正事列为优先，然后再做其他休闲活动吗？
9. 你从来没有错过任何选举权利吗？
10. 收到别人的信，你总会在一两天内就回信吗？
11. "既然决定做一件事情，那么就要把它做好。"你相信这句话吗？

12. 与人相约，你从来不会耽误，即使自己生病时也不例外吗？

13. 在求学时代，你经常拖延交作业吗？

14. 小时候，你经常帮忙做家务吗？

(二) 评估标准及结果分析

选择"是"得1分，选择"否"得0分。

分数为9~14分：你是个非常有责任感的人。你行事谨慎，懂礼貌，为人可靠，并且相当诚实。

分数为3~8分：大多数情况下，你都很有责任感，只是偶尔有些率性而为，没有考虑得很周到。

分数为2分以下：你是个完全不负责任的人。你一次又一次地逃避责任，每份工作都干不长，手上的钱也总是不够用。

职业素养与职业规划

第三节　执行团队任务

情境导入

谁去给猫挂铃铛

有一群老鼠开会，研究怎样应对猫的袭击。一只被认为聪明的老鼠提出，给猫的脖子上挂一个铃铛。这样，猫行走的时候，铃铛就会响，听到铃声的老鼠不就可以及时跑掉了吗？大家都公认这是一个好主意。可是，由谁去给猫挂铃铛呢？怎样才能挂得上呢？这些问题一提出，老鼠都哑口无言了。

思考一下：科学合理的战略部署是执行的前提，战略如果脱离实际，就根本谈不上执行。你能举出生活中类似的例子吗？

相关知识

一、执行任务安排

执行，就是接受团队决策者的任务安排，决不推脱。一个团队成员必须学会执行任务，必须担负起自己应有的责任，这是构建团队精神的基石。但在工作中，我们经常会听到这样或那样的借口："路上塞车""身体不舒服""家里有点事"，等等。其实在职场上，如果你做不好你自己分内的工作，那就不要抱怨你的领导不给你机会。那些老是为自己的失败找借口的人，就不要指望能获得成功。没有领导会因为你的借口合理而给你提升和奖励，机会总是留给那些不找借口的人。"找借口"是工作中最大的恶习，是一个人逃避应尽责任的表现。它所带来的，不仅是工作业绩的大打折扣，甚至会给单位和社会带来不可想象的损害！

"人是什么？人是一种最会找借口的动物。"这是法国文艺启蒙时期一位

单元八　团队合作

思想家的话，生动地反映了职场中的现实情况。

"没有任何借口"，是职业化最基本，也是最重要的素养。这是每个人都需要具备的素养，所以它是最基本的素养；每个人只有把握了这一点，才能将工作状态调整到最好，挖掘出最大潜能，所以它是最重要的素养。它不仅能给团队创造最好的业绩，还能让自己得到最好的发展与回报。

执行就要首先认同你的目标，然后热爱你的目标，为实现这个目标积极努力。优秀的员工就如同优秀的士兵一样，他们具有一些共同特质，他们是具有责任感、团队精神的典范；他们积极主动、富有创造力；他们懂得执行。在一个团队中，这些人都是最好的任务执行者和实施者。他们会把团队打理得井井有条。这种人的个人价值和自尊是发自内心的，是自动自发地、不断地追求完美。团队热忱呼唤这样的成员。

二、积极执行任务

1. 端正态度

积极接受任务，能够用站立的姿态、坚定的回答，来表示自己完成任务的决心，多说"是"，少说"对。"

2. 完整理解

将工作要求复述一遍。必要的时候，适当做些笔记，加强自己的记忆能力。在接受多条指令的时候，特别是三条以上，要有文字记录，如果不方便当场记录，要及时追记。

3. 立即行动

不要东张西望，不要等待别人，不提额外要求，不要节外生枝。要毫不迟疑、全心全意、下定决心、排除干扰、想尽办法，用最快的速度，完成自己所承担的任务。

4. 及时调整

及时理解新的工作要求，能够将开始的事情停下来，必要的时候，返回原来的起点。克服抱怨、埋怨心理，及时跟上合作主导者的思路。

5. 寻求帮助

求助，是与人合作的基础能力。求助的障碍在于过于强烈的自我意识和自尊心。你要知道，在工作进程中，所有的人都会遇到困难。执行任务者，必须能够求助,而且要及时求助。不能等到别人无法帮助你的时候,才发出信号。求助要有明确具体的人,有的放矢地求助。适时适度向人求助,还会提升人们的亲密程度,融洽同事关系。

案例一:把信送给加西亚

1898年美国为了夺取西班牙属地古巴、波多黎各和菲律宾而与西班牙爆发了美西战争。战争开始之后,古巴盟军将领加西亚就开始带领军队抗击西班牙。他领导的军队在古巴丛林里面,很少有人知道他的确切位置。当战争爆发后,美国总统有一封紧急的书信要交给他,却不知道该怎么办。这时候有人对总统说,在这里,有一个名叫罗文的士兵,只有他能找到加西亚,可以让他把信交给加西亚。总统听了之后,马上就让人把罗文找来,把信交给他,并嘱咐他要怎么做。但是总统并没有告诉罗文加西亚在什么地方,该怎么样去找他。

罗文拿了信,把它装进一个油皮纸的袋子里,封好,吊在自己胸口,然后就出发了。总统就焦急地等待着他送信的消息。罗文出发后很久都没有任何的消息,3个星期之后,他找到了加西亚,把信交给了他。这3个星期以来,罗文经历了别人无法想象的困难,所有的路都是靠自己的双脚徒步走的。当总统把信交给罗文的时候,其实罗文自己也不知道加西亚藏身的确切地点。但是当他接过这封信的时候,总统并没有问他任何事情,他感受到了一种前所未有的被信任感,正是这种被信任感促使他接受了这个艰巨的任务。他什么也没有说,他所想到的只是如何把信送给加西亚。经过千辛万苦,他终于完成了总统交给的任务。

想一想

1. 罗文接到任务后,他的最大困难是什么?他是如何克服困难的?
2. 在职场中,面对工作中可能出现的各种困难,我们该如何去面对?

《把信送给加西亚》是一篇作为弘扬员工执行力的经典案例。从故事中,我们还可以从罗文身上找到很多现代员工值得学习的地方,也是此本书作为经典管理学教育读本长盛不衰的地方。罗文身上有着一种忠诚、敬业的

单元八 团队合作

美德,并且具有超强的执行力。当罗文接过美国总统的信时,他不知道加西亚在哪里,他只知道自己唯一要做的事是进入一个危机四伏的国家并找到这个人。他二话没说,没提任何借口,而是接过信,转过身,尽职尽责,立即执行。他想尽一切办法,用最快的速度达到了目标。

案例二:没有借口

在世界500强企业里,美国西点军校培养出来的董事长有一千多位,副董事长有两千多位,总经理、董事一级的有五千多位。任何商学院都没有培养出这么多的优秀经营管理人才,西点因此被誉为首屈一指的培养领导人才的学校。为什么西点军校能培养这么多商界精英呢?

在西点军校有一个广为传颂的优良传统。学员遇到军官问话时,只能有四种回答:

"报告长官,是!"

"报告长官,不是!"

"报告长官,不知道!"

"报告长官,没有任何借口。"

除此以外,不能多说一个字。

"没有任何借口"是美国西点军校200年来奉行的最重要的行为准则,是西点军校传授给每一位新生的第一个理念。它强化的是每一位学员要想尽办法去完成任何一项任务,而不是为没有完成任务去寻找借口,哪怕是看似合理的借口。秉承这一理念,无数西点毕业生在人生的各个领域取得了非凡的成就。

想一想

1. 为什么西点军校能培养这么多商界精英呢?

2. 在你以前读书的班级或工作的企业里,你会为没有完成任务而去寻找借口吗?

千万别找借口!在现实生活中,我们缺少的不是寻找借口的人,而是那种想尽办法去完成任务的人。在他们身上,体现出一种服从、诚实的态度,一种负责、敬业的精神,一种完美的执行能力。

167

案例三：没有战斗力的团队

在某公司的会议上，小赵气呼呼地对经理抱怨说："老王经常找借口不来上班，有时候还把工作推给我做，却一直拿着和我一样的薪水。我付出了比他多几倍的努力，我干吗这么傻啊？"

老王不服气了，也对经理说："小孙借口说自己家离公司远，每天慢腾腾地到中午才来上班，他的收入居然比我还高呢。"

"他生病？我还头疼呢。"

想一想

1. 如果你是经理，你怎么来对待团队中这些抱怨者？
2. 作为刚入职场的你，你怎么来面对你的团队里这样的抱怨声？

在很多公司，我们时常可以听到这样的抱怨声。通常，公司里只要有一两个人经常找借口不守纪律，其他人往往就会效仿。这样一来，就形成了互相推诿、互相抱怨的局面，严重影响了公司的团队精神，进而影响到公司的战斗力和经营业绩。

拓展训练

活动一：一群人与团队之争

（一）规则和程序

1. 首先，用气球或皮球进行类似足球的比赛，培训师为比赛设立简单的规则。你可以与你的参与者一起商量这些规则。这些规则应该随着实际时间和空间的不同而调整。

2. 现在将参与者分成几个由 4~6 人组成的小组。半数小组称作"群队"，另外半数小组称为"团队"。群队 1 将与团队 1 进行比赛，群队 2 将与团队 2 进行比赛，依此类推。相互竞争的两队的人数相同，而且每一个群队对应一个团队。

3. 每个团队都有 7 分钟的机会为马上开始的竞赛作战略规划，并安排每个人的角色。在这段时间内不允许群队的人作为整体的小组互相接触。可以把所有群队的人随便集中在房间的一角，或者干脆让他们在房间外稍事休息。

4. 在团队开会结束后，让群队过来，随着一声哨响，比赛开始。

5. 这个游戏最好分几场进行，每场不超过 5 分钟。每场结束时，迅速将比分记录下来，看哪一队获胜。

6. 注意：培训者应该尽量保证群队和团队在能力方面是匹配的，通过掷硬币的方法或者其他随机的方法，将参与者安排到各个小组中去。

（二）相关讨论

1. 一群人与团队有什么不同？

2. 接近真实的"足球队"的团队是否胜过群队？这有助于团队击败群队吗？

3. 一群人怎样变成一个团队？

活动二：叠瓶子

（一）规则和程序

1. 每个小队事先准备 50 个以上塑料水瓶，要求寻找那些已经使用过的塑料瓶，必须是圆柱形的，规格基本一致。

2. 在小队全体成员的共同努力下，将这些瓶子叠放起来，尽可能叠放得高一些。

3. 在叠放之前，必须做出活动计划，确定叠放的方法，并且画出示意图。

4. 活动中，不得相互观望其他小队的做法。示意图是确保各小队独立思维的依据。

（二）相关讨论

1. 在活动中，你做了什么？

2. 你所在的小队在制订计划、完成任务方面有哪些可圈可点之处？

3. 对比其他小队，还要做哪些改进？

活动三：效果评估——评估：团队成员执行力自测

（一）情景描述

本测评表旨在快速、准确地了解团队执行力的总体表现状况，以便于对工作进行有针对性的调整和改进。请在 10 分钟内将测评表填写完整。

表 8-1 中的每一题都是对执行力的一种描述，在该描述的右边有 5 种不同

程度的倾向，请在自己认为最接近准确描述团队现状的分数处打上"√"。

表 8-1 执行能力自测

项目	最强	强	较强	较弱	弱	最弱
1. 所在团队做事总是目标清楚，且团队成员能在正确理解目标						
2. 每次团队有新目标，团队领导都能迅速、成功地向成员明确传达，并且能得到成员的积极响应						
3. 团队上下一条心，成员都非常关注团队目标的完成，并能积极、迅速地提出自己的合理化建议						
4. 执行任务时，团队中的成员分工明确，各司其职						
5. 为完成任务，团队成员总能做到沟通畅通、有效						
6. 团队成员均注重结果而不是具体过程						
7. 所在团队总是能够按时完成任务，有时还可以超额完成任务						
8. 团队中成员所做的事情比上司想象的结果更好						
9. 团队中踏实肯干者总是得到鼓励、奖励乃至提升						
10. 业务发展所需要的人才的流失率很低						
11. 每次执行任务都会有具体方案、步骤指导工作						
12. 当任务有变化时，团队能很快拿出应对措施并立即执行						

续表

项目	最强	强	较强	较弱	弱	最弱
13. 团队成员即使对领导的命令不认同，仍然坚定不移地执行						
14. 成员有好的想法，会立即告诉上级或同事，将它变成执行方案付诸实施						
15. 上级或同事会对成员的新想法迅速做出响应，直至变成具体行动						
16. 在运用公司资源时，团队成员会自觉关心团队的运作成本						
17. 团队成员为完成任务愿投入业余时间和精力学习，以谋求团队更大发展						
18. 团队环境有助于促进知识、技能的交流与提升						
19. 团队成员愿意承担自己应负的责任						
20. 团队成员之间合作愉快，能够有效地沟通并予以工作上的积极配合						

（二）评估标准及分析

请统计5种倾向所占的比重，并有针对性地制订计划，对弱项进行改进。

附录　创新思维 快乐成长

快乐的反馈 1

在日常生活中我们会遇到两件事，当一个人向你分享快乐时，你如何反应？是没反应，还是有反应，是正向反应还是负向反应？而当一个人向你倾诉痛苦时，你是否真的懂得倾听，你又将如何为其分担？

一个人在之前遇到了一件快乐幸福的事。他觉得这件事很快乐，所以，他想分享给你。当他想分享给你的时候，他就会去叙述这个快乐，这个快乐是快乐 1，而叙述快乐是快乐 2，快乐 1 是实体快乐，而快乐 2 是虚拟快乐。你的反应 R 呢？有三种反应：正反应+R、没反应 NoR、负反应-R。如果他跟你叙述快乐 2 时，你回应 NoR，你只听，听完后就干别的事，没有针对这件事做反应，或是发出另外一个事件 S 给他，似听非听。这时候，他的快乐 2 就会消失，会感觉被你泼了冷水。你的没反应 R 伤及的是他的快乐 2，而快乐 1 还在。而当你回应负向反应-R 时（这有什么好高兴的？），他的快乐 2 连同快乐 1 就一起消失，甚至出现负向反应-R1。损失两个快乐，还收到一个负向事件（-S）。这个人好倒霉！

快乐的反馈 2

那我们到底应该怎么办呢？当别人快乐 1，快乐 2 时，你应该回应+R。当你也+R 时，即当一个人对你笑着讲话时，第一你要对他的形式做反应，他笑你也跟着笑。第一阶段，对语言的形式做反应，跟他同步。这时候，不仅他的快乐 1 在，而他的快乐 2 也变成了两倍的快乐。他看到你笑，他就讲得更起劲了。他看见你高兴，产生快乐 3。接下来，你还可以产生快乐 4。你要把快乐的内容（S）放到自己（O）身上，去描述那个事件的内容（+R4）。这叫作感同身受。你一定要讲出那个事件S的内容。并且从第一人称，变第二人称，再变成没有人称。你的快乐加倍了他的快乐2，而当你引以为乐，把他的快乐引到自己身上产生快乐，增加了快乐1。因此，第一阶段，与他同乐；第二阶段：引以为乐。从感同身受，到引以为乐，这样做之后，他的快乐1和快乐2都增加。而你也处于两种快乐中，然后两个人到最后又有新的快乐产生，即为同乐。快乐的反馈类型如下图所示。

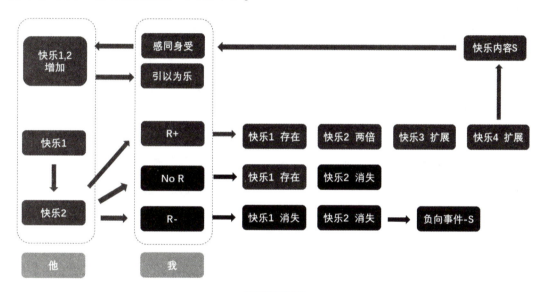

快乐的反馈

痛苦的反馈1

一个人遇到的痛苦的事（苦1），当他痛苦承受不了的时候，他就想找个人倾诉。倾诉的目的是把痛苦减轻，把痛苦分一些给别人。可是，大多数人不愿意分担别人的痛苦，也不知道如何分担别人的痛苦。哪怕是你爱的家人，你也不知道如何分担他的痛苦。你想溯本求源，解除痛苦事件S，改变事件S。没有这个事件S，就不会痛苦了。所以，你用叙述疗法，把事件S重新讲一遍。或者你想改变想法O，要求他换个想法，不要跟那种人计较。你到最后，还是试着想改变想法O，而这些都是错误的模型。

痛苦的反馈 2

当他苦得受不了时，他找你分担。而当他叙述给你听他的苦（苦1）时，就产生了苦2。这时候你的反应 R 有三种：+R（人家跟你说痛苦的事情，而你在高兴：这小事啦，每个人都会这样啦），尤其是对小孩或者权利系统下位者，跟你诉说他的痛苦时，你都会以各种方式告诉他，这是小事。这样做的后果是关系被破坏：以后再不找你了，把我的大事当小事，把我重要的事情当作不重要。千万不要做这种事，让求助你的人有这样的想法。当你给他+R时，他不但有苦1、苦2，你还送了他一个苦3。而当你给他没反应 No R 时，你没有给他苦3，因为他跟你讲，产生了苦2，就留住了。本来只有苦1，跟你讲完话后，又增加了苦2。而如果你对他笑眯眯的呢？不但苦2留住了，还多了一个苦3。苦1和苦2是他自己找的，而苦3是你送他的。大部分时间，你跟你家里的人都是在干这件事。越亲近的人，你越容易干这两件事情。那应该怎样做呢？

第一阶段，分担他的苦

他伤心时，你用语助词跟他同步同理，嗯，哦，天呐，怎么会这样呢？语助词做同步同理的技术时，他大声你就要大声，他小声你就小声；他快你就快，他慢你也慢。

做到三同步：1. 音量同步；2 语速同步；3 感情同步。用语助词完成三种语言形式的同步。你要同步的是语言的形式，而不是内容。当你用语助词同步同理技术，对他的苦做出反应时，他会感觉到他的苦被你用双手接住了，那么他的苦2就会到你身上。虽然他的苦1还在。但你减轻了他的苦2，他有种痛苦被减轻的感觉。

第二阶段，引以为苦

即把引起他负向反应-R的负向事件-S，从他身上移到你身上。（他怎么对你这样啊？他这样我们不是很难过吗？他这样我们怎么受得了呢？天呐，他怎么可以对我们这样？我们怎么办啊？怎么会遇到这种人呐！）

附录　创新思维 快乐成长

运用变换人称的心理技术，改变人称，第一人称、第二人称、复数人称、没有人称。通过操作语言的形式和人称来进行咨询，同时，开始操作语言的内容，把对方描述的事件-S，放到自己身上，让自己也因为这个事件-S，而产生负向反应-R。当你把事件-S拉到自己身上时，你就把他的苦1减轻了。

第三阶段，哭得比他还苦

第三层的时候，使用"第三人称角色扮演"技术。什么叫第三人称？他在诉说某人怎么样怎么样？某人就是他——第三人称。当他诉说时，情绪越来越高涨，越来越失控时，你要帮他把情绪彻底释放出来。

他说：你知道吗？那个人就是对不起我，就是不肯跟我道歉！这时候，你说：对不起啦，我错啦！我不应该这样对你的。我不是不想跟你道歉，而是没有机会跟你道歉，我现在跟你道歉好不好？如果你前面第二阶段处理充分，那么，这时在他的情绪中，你切入进去，他就会说：现在道歉有用吗？道歉没有用啊！我不要道歉！只要他跟你对话，你就切进去了，会产生非常大的疗效。如果他没有进去，说：你又不是那个人！你就退回来，再次操作转换人称技术。也就是说当操作第三人称技术没有效果时，你就操作差异化同步。或者他的情绪太高时，就必须情绪跟他到同步，切入第三人称语言，进行角色扮演，让他解气，或者当你比他还苦时，他的苦就不见了。

第一种快乐：我的需求被满足

第一种快乐是最原始的快乐，也是泛文化的、共同的快乐判则。

从婴儿时期开始，人类不学而知、不知而行地执行第一种快乐。又因为父母扮演照顾者的角色，强化孩子接受了更绵密的第一种快乐，也养成了享受或等待第一种快乐的经验与习惯。

在个体成熟与生涯发展的历程中，从婴儿、儿童、少年、青少年、青年、中年至老年，满足第一种快乐的生活场是"家庭"，提供这种满足感的人主要是"父母"。伴随个体的生涯发展历程，个体向不同的对象需索快乐，而建立了各种不同的人际关系。

原生家庭的父母，会主动而无条件地提供子女各种衣食住行娱乐等基本需求的满足。但是满足的形式、内容与时空条件，对子女而言却仍须付出"代价"。子女必须在常规的遵守学业与才艺的学习和学习的成就上，付出相对的代价来交换各种需求的满足。又因为需求的种类、数量的多寡，以及满足程度的差异期待，又造成交换行为的冲突，导致相对权力体系与情爱关联的破坏。亲子间绝大部分的冲突，竟然来自孩子的原始动机：我要（第一种）快乐。

个体年龄渐长，进入学校、社团、机构、社区与社会，更发现三个真相：

第一种快乐的需求——欲望

欲望：第一种快乐的需求，竟然是随心"可欲"。心念一动，欲望就出现——人立刻处于需求不满足的状态。"可欲"的需求，不但种类多，不同的欲望可以并存。而且主动向个体招手的"欲求"，透过商业化的宣传与同侪的煽动，更让个体几乎无处躲避。某些欲求俨然是一种时尚或流行，逼迫个体非"要"不可。

欲望出现以下几种特质：第一，易于滋生。第二，多而复杂。第三，有主动的，有被诱惑的，有被逼迫的。

第一种快乐的实现——满足

满足：第一种快乐的满足，竟然控制在别人身上。交换的条件只是必要的条件，相对人的意志才是重要的条件。某些欲望永远得不到满足，某些满足却向你兜售欲望。大部分物质类欲望的满足，都标明了"金钱"的数量。金钱的取得，也标示着各种合法或不合法的路径。

精神类欲望的满足则标示：先爱别人，别人才会爱你；付出一生的许诺，才会得到爱情与亲情。有些人的交换总是失败，有些人学会用钱交换情爱的满足。有些人被喂饱满足，有些人永不满足。

满足出现以下几种特质：

（1）大量的无料的（免费的）满足。

这种满足，让一个人认定：第一种快乐是常态，是不需要支付任何成本的。某些人或大家，都应该自动给我第一种快乐，才是合情、合理与合法的。

（2）轻易而快速的满足。

这种满足方式，让一个人认定：第一种快乐是呼之即来的快速满足方式。只要我说我要，父母或大家都应该立刻满足我，而且这对他们也只是举手之劳的小事。

(3) 付出承担不起的代价所获得的满足。

如果没人满足我的第一种快乐，就算付出再大的代价，就算付出我所承担不起的代价，我也必须得到第一种快乐。第一种快乐变成绝对性的需求，就如毒瘾般愈要愈多，甚至用不合情、不合理、不合法的方法也在所不惜。

(4) 永远有欲望尚未满足。

无穷无尽的欲望在脑海盘旋，有的儿童初进玩具大卖场，什么都想要。一个欲望刚满足，另几个欲望又升起。正享受着某个第一种快乐，却又已盘算着其他的欲求。怎么满足他都没用，因为他——需索无度，所以很快地又掉入另一个第一种不快乐之中。

第一种快乐的执行欲望出现就会不满足，就会想做些什么，把不满足变成满足。追求人类基本需求的满足是本能性行为，追求基本需求之外文明生活形式之需求的满足是必须性行为，追求奢华品的满足是流行时尚相对于经济能力的学习性行为。所以追求第一种快乐并没有对错之别，有问题的是追求——做的方法。

做的方法一共有三种：

(1) 合情、合理、合法的方法。

操作合情、合理、合法的方法追求第一种快乐，或者企图把第一种不快乐转变成第一种快乐，这是每个人都必须学习与遵守的社会行为规范。

(2) 不合情、不合理、不合法的方法。

操作不合情、不合理、不合法的方法追求第一种快乐，或企图用这些方法把第一种不快乐转变成第一种快乐，这是每个人都不可以尝试或学习的错误方法。

(3) 不合情、不合理却是合法的方法。

操作不合情理却是合法的方法，用强迫的方式胁迫对方，来获得第一种快乐。当孩子发现这方法有效时，亲子关系即将受到一波强过一波的挑战。这是天大的秘密，父母绝不能让孩子发现这个秘密。

发现这个秘密，学习这种手段，重复操作这类的行为，真是惊心动魄的过程。大哭大闹、大吵大叫也就算了，故意延宕某些行为或破坏某些事件或物品就令人不满。故意伤害自己或别人的身体，甚至伤害自己或别人生命，更令人痛心不已。这个秘密一定会曝光，如何令人有所不为或不敢为，就变成亲子教养的重大文明课题。

第一种快乐的角色内涵——被爱

只要第一种快乐出现，就必须伴随出现三种内在正向反应，一是感谢，二是感动，三是感恩。愈大的快乐，愈是得来不易的快乐，就必须表达出感谢或感动或感恩的外显行为，传达于满足我第一种快乐的人。如果家庭角色发展历程中，扮演儿女角色的孩子，只是一味地享受第一种快乐，从来就没有激发感谢的心、感动的心以及感恩的心，甚至从来就没表达这三种语言与行为，那么教养是失败的。教孩子礼仪，凡事"谢谢"不离口，就是由外化到内化的过程。

第一种快乐代表被爱，代表那人爱我，而且我接受而被爱。第一种快乐表面上源自需求的满足，本质上来自被爱的满足。"需求的满足→被爱的满足→感谢感动与感恩的回报行为"，这是第一种快乐的三段式引爆与提升。这将把第一种快乐提升至第二种快乐。第一段的快乐，孩子仍然沉溺于自己需求的满足。第二段的快乐，孩子将抬头张大眼看着满足他的相对人，感受到对方源源推送的爱，以及自己毫无保留的被爱。第三段的快乐，才让孩子的心怦怦作响，心终于开动了，真诚地说出"谢谢"，努力地想要向对方回报——报恩的行为。这一切，让第一种快乐，好美！好奇妙！但是，如果，第一种快乐一直停留在第一段，从儿童到成人到老人，都未曾引爆到第二、三段呢？那么，好丑！好凄惨！

第一种不快乐：我的需求不被满足

青年期自力更生之前，父母"主动"提供第一种快乐的满足。青少年只要接受或等待或提出需求即可，几乎不必有任何相对的付出或回馈。但是，离开"原生家庭"踏入学校、职场、社团或婚姻家庭时，相对人或相关人或不相干的人，却都不会主动提供个体第一种快乐的满足，甚至强烈提出需求也得不到满足。这时候就像原生家庭的父母延宕满足孩子的需求，或没有能力或意愿满足孩子的需求时一样，孩子就会表出"不快乐"的心身状态。

在第一种快乐的衍生性问题中，最具破坏性的就是会衍生第一种不快乐。年龄愈大，拥有的资源愈多，"要"得到的东西就愈多。难处在于：第一种快乐的需求内容，永远会高于他人提供满足的能力或意愿。这个情形出现时，为了需索快乐，却引发了第一种不快乐——因为：我的需求没有被满足，没有人

附录 创新思维 快乐成长

愿意满足我的需求，没有任何人有能力满足我的需求，所以：我的欲望愈炽烈，我的心愈饥渴，我痛苦莫名，我不快乐。

只要有第一种快乐，就会陷入第一种不快乐。孩子在家庭中有可能大部分是第一种快乐，可是到了幼儿园和小学，却发现到处都是第一种不快乐。聪明的孩子会立刻发现，想在学校的团体生活中，得到大量的第一种快乐，只有当个乖宝宝拼命读书获得好成绩。或者拼命使坏，操作不合情或不合理或不合法的方式，来逼迫大家让我快乐。聪明的孩子也发现，想在学生生涯尽量避免第一种不快乐，只有两个办法：一是放弃某些欲望，放弃某些第一种快乐。二是找对的人要第一种快乐，主动避开不愿意或没能力满足各种欲求的人。

只要欲望升起，饥渴的心就炽烈燃烧，眼睛亮、精神来、心里明白，整个人处于蓄势待发的准备状态，"如果我可以……"的自我语言在心里不断地复诵，第一种快乐还没得到，人却已处于心灵正向激发的状态。这段心理蜜月期间不会长久，念头一进入达成目标的可能性评估时，往往就开始泄气。

人们突然发现：总是念头方起，不快乐（第一种）就悄然而至。人们更惊讶于：需索快乐的结果总是不快乐居多。而且，话不必说出口，行为不必做出来，第一种不快乐直接寄居在心根意念之中。用想的，就可以一直浸泡在第一种不快乐之中。

第一种不快乐的四段错误归因

"需求不被满足→被爱不满足→人家不爱我→我不值得被爱"。

第一种不快乐容易引爆以上四段式的内在反应。

第一段不快乐，燃烧着欲望与嫌恶，人就沉溺在无穷无尽的欲望与饥渴之中。

第二段不快乐，把自己推落万丈深渊之下的冰窟之中。我需要被爱，我得不到爱，为什么没人来爱我。孤寂可怜、凄凉、冰冷的寒意，把整个人冻成一个渺小无比的小人。

第三段不快乐，引爆怒火狂烧相对人。"你不满足我，是因为你根本不爱我""为什么你不爱我？""你怎么可以不爱我，你是我的△△或□□呀！""你对不起我""我不原谅你""你伤害我""你是坏人""你可耻""你……该死！"。

第四段不快乐，是自我囚禁，是自虐，是自我惩罚，是自我伤害，更是自我挫败。因为我不值得人家爱。因为，我没用，我无趣，我无能，我没品，我没资格被爱，我不值得任何人爱，我不配、不该、不能想……我该骂、我该打、我……该死！

第一种不快乐的破坏力

第一种不快乐的四段错误归因反应，会严重破坏自己的心身状态，以及人际关系。破坏力分述如下：

(1) 引发不快乐的情绪状态。

负向情绪出现，有人又叫又跳又笑又闹，有人不言不语不吃不睡，有人唉声叹气怨天尤人，有人……

(2) 引发不快乐的动机状态。

负向动机状态出现，满脑子盘旋的自我语言，都是"我不高兴""我不快乐""我非常难过""我心情很不好""我的情绪坏透了""为什么要这样害我不快乐""凭什么不让我快乐""怎么可以这样强迫我不快乐""我为什么这么可怜，这么不快乐""某人故意要让我不快乐"……

(3) 引发不快乐的生理状态。

负向生理状态出现，身体变得紧张而僵硬，呼吸变得急促而不规律，脑神经系统开始突发性的兴奋或阶段性的抑制而不活动，内分泌系统开始混乱、吃不下饭、睡不着觉、容易恍神、记忆力减退、反应力时而迟钝时而强烈、口干舌苦……

(4) 引发不快乐的偏差行为。

负向行为状态出现，当事人开始报仇，开始故意不去做该做的事，并且故意去做不该做的事，企图重创对方与双方的关系。

(5) 引爆内心更强烈的欲望。

第一种不快乐出现之后，如果未能积极管理欲望或改变需求等级，欲望会愈强烈地需索满足。时间延宕愈久，愈可能采取不合情、不合理、不合法的方法来争取，也愈可能压抑在内心，狂烈地挣扎而引发精神疾病。

(6) 破坏自我形象、自信心与相对角色扮演。

第一种不快乐会破坏相对角色扮演，当事人会拒绝自我角色扮演，故意错乱自己角色的行为内容，也会拒绝相对角色扮演，故意错乱相对角色行为期待。严重的更会破坏自我形象（self-image）、自信心，错认自己是一个没有用的人或不幸的人，而逃避与畏惧人际关系的互动。

第一种不快乐的救援

因为破坏力惊人且出现的概率很大,所以必须学习救援或删除第一种不快乐的方法。儿童从小就必须被教育与练习下列程序,生涯发展过程才不会再三困死在第一种不快乐之中。

(1) 用合情、合理、合法的方法去争取需求被满足。

(2) 争取成功的话就好好享受第一种快乐。

(3) 争取失败的话就要制止自己,千万不可以用不合情、不合理、不合法的方法去抗争。

(4) 要求自己打消原来的需求与欲望。

(5) 要求自己改变原来需求与欲望,满足的对象、时间、空间与方法。

(6) 要求自己改变原来需求的内容与欲望满足的等级。

(7) 如果以上都做不到,就要请父母亲帮忙。

(8) 如果父母也帮不上忙,就要向朋友、师长求助。

(9) 如果师长、朋友也帮不上忙,就要向专业的心理咨询机构,求助于专业的心理咨询师。

(10) 如果也帮不了忙,就要向临床心理咨询师求助。

第一种不快乐的正确归因

(1) A归因:"需求不被满足→需求的条件(需求的目标物、数量、金额、次数、强度、时间、空间、对象……)出了问题→修改需求条件→更换可被满足之其他需求(当原始需求无法修改时)。"

(2) B归因:"需求不被满足→被爱不被满足→谁满足?谁也不满足→人家不爱我→我先学习怎么爱别人→我不值得被爱→对方有什么需求→我能否去满足对方的需求→对方值不值得我爱他。"

(3) AB归因的形式与过程都需要父母、师长、朋友、社会典范、模拟与练习,经由个别化、集体化到仪式化的程序,每个孩子每个个体都要从他律到自律,而养成AB归因的生活反应习惯。但是父母师长还不会如此教养子女时,每个孩子或成人都会"自然地"执行第一种不快乐的四段式错误归因。

人类发展的儿童教养,面临的第一个挑战,竟然是——修正错误的本能性反应行为——在第一种不快乐四段式错误归因的必然威胁下,企图建构第一种不快乐的正常AB归因。

第二种快乐：我有能力满足别人的需求让别人快乐

我有能力满足他人的需求让他人快乐，因为看到对方快乐我也快乐起来——这种为了自己有能力给他人快乐而感受到的快乐，比自己的需求被满足更快乐。

第一种快乐源于"需求的满足"，第二种快乐源于"能力的实践"。第一种快乐的需求是自己的需求，第二种快乐的能力是"满足别人的需求"。

第二种快乐是文明的快乐，也是泛文化的快乐。这种形式上完全与第一种快乐相反的行为，必须经由观察、模仿与学习而来。

这种利他行为也会奇迹似的出现在父母的角色内容中，成为亲子互动的利他行为。因为每一个父母近乎本能地执行第二种快乐，所以每一个子女才得以近乎本能地享受第一种快乐。

1. 第二种快乐的角色规定

每一个人都可能经历第一种快乐——从必然变成不必然的质变。但是，享受第一种快乐的孩子，却不一定看得到或学得到第二种快乐。

第二种快乐是文明的快乐，文化已经把第二种快乐"规定"为"父母"的角色内容，所以是为人父母者的"本能"。可是个体扮演其他社会或家庭角色时，却不必然、不愿、不会、不能或不甘心操作第二种快乐于相对人的相对角色。所以一个母亲会自然地对孩子执行第二种快乐，却对先生执行第一种快乐。第二种快乐，不会在角色之间迁移，而必须在角色之内学习。

第二种快乐也被文化规定到"情侣"的角色内容，并且规定在"比较爱对方"的那个人身上，或者规定在"爱"人之时。"比较不爱对方"的人或"被爱"的人，则被规定执行相对的第一种快乐。在人情与友情之间，其实也可以看到第二种快乐的执行者，而被称颂与感谢。

深入地追究才了解：第二种快乐并非"配置"于相关角色，而是联结"爱与被爱"的"爱"。

2. 第二种快乐的角色内涵

原来，第二种快乐的角色内涵，就是"爱人"。

想要爱人也是欲望，但是爱人的欲望分成三级：

第一级是"占有"或"拥有"对方的爱——被爱的欲望或需求，亦即第一种快乐的需求。

第二级是"求爱"的欲望或需求。当事人必须去想去说去做许多的事,来"求得"对方愿意"爱我",愿意满足我的需求——让我"被他爱"。

第三级是"爱他"的欲望,觉得对方很美、很好(欣赏对方),想到他或看到他或在一起就觉得喜乐(喜欢对方),进而想要满足对方的需求让对方更好更快乐(爱对方)。

第二种快乐可能是上述第二级欲望:"求爱"的形式,也可能是上述第三级欲望:"爱人"的内容。爱人,不论是以上三级欲望的哪一种,都还可区分为动机状态与执行状态两大类。第二种快乐不只是欲望或动机,而且是一种行为状态。所以执行爱人的第二、三级欲望,而且对方愿意接受,接受"求爱"或愿意"被爱"时,个体就会出现第二种快乐;反之,对方不愿意、不接受"求爱"或"被爱"之际,个体就会出现第二种不快乐。

因为相对第一种快乐而言,在时序上是生命体经历的第二种快乐。第一种快乐的获得老是要看别人脸色,第二种快乐却操之在我。第一种快乐是被动的快乐,第二种快乐却是主动的快乐。所以不论第二种快乐的激发条件,是来自学习或自然发生的,个体发现第二种快乐,就好像找到宝藏一样。他将开启"找——就可以得到"的寻宝游戏。第一种快乐的获得,必须依赖他人的"给予"才能满足;第二种快乐的获得,则必须依赖他人的"接受"才能满足。满足与否的真相,却又不只在于接不接受。

第二种快乐是能力的实践,这个能力可区分两种判别标准如下:

(1)我有能力满足他人的需求,所以我很快乐。

因为我有满足他人需求的能力,而觉得快乐无比。亦即,对方只是一个受体或媒介。只要我做了这些行为,不管对方接不接受,更不管对方快不快乐,我都可以很快乐。

(2)我有能力让他人快乐,所以我很快乐。

因为我有让别人快乐的能力,而觉得快乐无比。对方的需求若已满足,可是却不快乐,我还是无法引以为乐。一定要对方快乐了,我才会快乐。

3. 第二种快乐的特质

从练习性行为到习惯性行为,第二种快乐会出现以下几种特质:

(1)大量的练习性行为,大量的享受自己的能力。

(2)大量的惯性行为,大量的肯定自己的价值。

(3) 特定角色的目的性行为，大量的享受对方的快乐。

(4) 利他行为的经验与能力，大量的品德与价值内化的成长。

4. 第二种快乐的异形

一样来自父母角色或爱人的需求，一样全力以赴地执行满足他人需求的行为，一样地享受第二种快乐，可是却令对方极不快乐，这就是第二种快乐的异形。

许多父母和爱别人的人都陷落于此，自己沾沾自喜——为了自己无私的利他行为而自诩之际，不是误以为对方很快乐，就是去质问（或疑惑）对方"为什么不快乐"，"为什么我已经为你如此这般了，你竟然还不快乐？"原因在于以下三项：

第一个原因是误判对方的需求，给的不是对方要的。

第二个原因是操作爱人的第一种欲望，强龙硬压地头蛇，硬说对方的需求是错的，"你根本不知道你要的是什么！""我认为你真的需求是什么……"总以为自己说的才是对的。因此，尊重或协助对方找到他的需求，并以对方能够接受的方式来满足对方的需求，才不会把自己的第二种快乐，建立在别人的痛苦之上。

第三个原因是满足需求的方式，不是对方喜欢或能够接受的。高傲的态度、盛气凌人的语言、夸张的动作、强势的行为、公开化的展示……，往往都是对方所厌恶的（灾区心理重建的救援团队，稍不小心就会犯这个大错）。

5. 第二种快乐与第一种快乐

第二种快乐和第一种快乐，是相互需求对方的一组心理状态。可这种看似水乳交融的快乐，却出现极端差异的心理方程式：迷失与冲突。

(1) 两种快乐的迷失。

爱，迷失在两种快乐互相激发的历程之间。

不是迷失于心理历程，而是迷失于行为历程。也不是迷失在行为历程，而是迷失在"物"。

初开始，是食物的满足，接着是衣物、器物……各种物件的满足。

(2) 第二种快乐心理方程式。

A. 主程式Ⅰ：A→B→C→D→E→F

对方处于快乐状态了，我才获得第二种快乐。

B. 副程式Ⅱ：A→B→C→D

给了东西、满足了需求，我就快乐了。

C. 副程式Ⅲ：A→B→EF

直接满足对方被爱的需求，我很快乐。

D. 副程式Ⅳ：A→B→C→D→E

满足了对方东西与被爱的需求，我才算快乐。

(3) 第一种快乐心理方程式。

A. 主程式Ⅴ：C→D→E→F 东西与被爱的需求都满足了，所以我很快乐。

B. 副程式Ⅵ：C→D→F 需求的东西被满足，所以我很快乐。

C. 副程式Ⅶ：D→E→F 需求的东西不被满足，需求的爱却被满足，所以我很快乐。

(4) 迷失与冲突的心理方程式。

A. 第二种快乐心理方程式的迷失

（A）第二种快乐的源头，是让对方快乐。只有主程式Ⅰ，才算真正的第二种快乐。

（B）副程式Ⅱ、Ⅲ、Ⅳ，都只是满足了对方的需求，并不在乎对方是否快乐。这是标准的"我爱"，而非"爱你"。是我有能力满足你的需求，我有能力付出，我有能力扮演好这个角色，所以我很快乐。而不是像主程式Ⅰ一样"爱你"，我要让你快乐，满足你需求的内容与方式，必须能够让你快乐，我才会快乐。

（C）主程式Ⅰ让第二种快乐价值非凡，但似乎对自己太严苛。副程式Ⅱ、Ⅲ、Ⅳ虽然只问付出不问结果，却是大多数人真切执行的快乐。看似草率，可多数人就这样子——享受着第二种快乐，持续执行第二种快乐，而成就了教养子女的行为。

B. 第一种快乐心理方程式的迷失

（A）第一种快乐的源头是需求被满足。只有主程式Ⅴ，才算真正的第一种快乐。

（B）副程式Ⅵ，Ⅶ，只要满足任一种需求，就快乐了。这种快乐看起来仓促草率，有捞到就算数了。可是却发展成通俗文化中最简易的快乐，一个被贬抑却多数人乐此不疲；一个被崇敬却只少数人得以欢喜。前者是副程式Ⅵ——纯粹物质满足的快不快乐，后者是副程式Ⅶ——纯粹精神满足的快不快乐。

第一种快乐源于"接受",第二种快乐源于"给予"。但是对方不给予,自己就没得接受。对方不接受,我也无从给予。甲乙二人,双方都执行第一种或第二种快乐心理方程式时,只能造成冲突,没人可以得到快乐,双方都不快乐。这种冲突模式,将撕裂人情、友情、爱情与亲情。

人类不论处于哪一种感情模式,都必须调整成一方执行第一种快乐程式,另一方执行第二种快乐程式,或者两方快乐程式随机交换的状态,否则两人就无法共处与共事,更无法同喜与同乐。在对偶相应模式下,还会出现以下两种选择。

(A) 同乐模式:A、D、E、F、G、I等6个人际关系组合,是双方同喜同乐模式。一施一受,施受同喜,各得其乐。

(B) 独乐模式:B、C、G、J组合,给的人高兴,受的人不高兴。H、L组合,给的人不高兴,受的人高兴。

爱并不等同于快乐,我们生活在人情、友情、爱情与亲情等四种感情系统中,有时为爱而喜乐冲天,有时为爱而悲苦卧地。任凭死生相许之后,还不知这世间情为何物。其实问题都出在人际互动模式的非控制状态。情爱缠绵与交流之际,双方只要觉察与调整快乐心理方程式,把冲突调为对偶相互模式,把独乐模式调整为同乐模式,那么有情人生就是充满喜乐的生活,而且脱离共苦,脱离一苦一乐,而臻于同喜共乐的心灵层次。

第二种快乐,执行以下的心理方程式。

"满足他人的需求→让别人快乐→爱他人→我有能力爱别人让别人快乐。"第二种快乐的核心意志是爱人。但相对于第二种快乐的接受者,正在享受第一种快乐的相对人,正在执行的心理方程式,却是我的需求被满足,所以我很快乐;而不是他爱我,所以我很快乐。

"第二种快乐—第一种快乐"这一组人际互动行为,在"给予"和"接受"之间,只传递了"需求—满足",而流失了"爱—被爱"。"满足对方的需求"只是表达"我爱你"的形式。只表达了形式,却未成功传递内容。

第二种不快乐:我没有能力满足别人的需求让别人快乐

1. 第二种快乐是善行,是利他行为

为了让对方快乐,付出的代价、资源、时间、钱财、精神……愈多,自己

就愈快乐。甚至剥夺了自己的欲望或需求，让自己面对第一种不快乐的当下，还去满足对方的需求让对方快乐，这时候的第二种快乐就会展露出强烈的价值感：不只为了自己的能力而快乐，不只为了对方快乐而快乐，更为了价值感而快乐。

但是，当对方不愿告知他的需求时，当我无法了解或确认对方的需求时，当我没有能力满足对方的需求时，当对方不接受我的给予或协助时，当对方接受我的给予或协助却不快乐时，当对方享受第一种快乐却不知感谢或不知回报或出言不逊或恶形恶状或连接不法言行时，当事人就会出现第二种不快乐，严重的还并发自我价值感的崩溃与人际关系的破裂。

第二种不快乐的五种破坏力：

(1) 破坏品德：破坏德行、善行与人际关系。

(2) 破坏情绪：引发失望、挫败、伤心、愤怒、冷漠等状态。

(3) 破坏感情：不再主动觉察或关怀他人的需求与苦乐状态。

(4) 破坏价值：容易归因于对方不爱我或不值得我爱，或者归因于我没有能力爱人或我不该去爱人，而破坏感情（人情、友情、爱情与亲情）、成就的满意度。

(5) 破坏自信：自信心、自我形象破灭，看不起自己，自我满意度破碎。

2. 避免第二种不快乐的方法

(1) 满足对方需求的原因，来自特定角色扮演时。

如果角色行为标准与相对角色行为期待，包含了满足对方需求的行为时，务必要把引发第二种快乐设定在第一个判别标准——我有能力满足他人的需求。所以，不管对方接不接受或快不快乐，只要我有做就很快乐。

(2) 满足对方需求的原因来自"我爱你"。

因为爱你，所以我不计一切地满足你的需求时，务必要把引发第二种快乐设定在第二个判别标准——我有能力让他人快乐。所以，不管我付出多大的代价与努力，都不重要，重要的是对方快不快乐。只要对方快乐，我才快乐。只要对方不快乐，我就必须变更原定的需求目标，以及满足需求的方式。

第三种快乐：我有能力满足自己的需求让自己快乐

第三种快乐包括需求的满足与能力的实践，也就是自得其乐。

这种自得其乐的能力，来自"自己满足自己"的动机意念，来自"不假外求"的自我规范。

这种快乐可以是自发的，也可以经由学习来快速建构。

第三种快乐不必等别人给予（如第一种快乐），也不必等别人接受或高兴（如第二种快乐），完全自主、自控、自给、自足，这是人间的极乐。

但是这种极乐能力的训练，并未出现在家庭（文化的规范）或学校教育（课程的规范）领域中，导致几千年来许多的人类，一直都为了追求第一种与第二种快乐，而陷落在第一种与第二种不快乐之中。

其中，最可怕的就是把第二种快乐的行为，当成追求第一种快乐的手段。

1. 五种能力的指标

第三种快乐的实现，包含下列五种能力指标。只要操作熟练，就可以获得取之不尽、用之不竭的第三种快乐。

（1）设定需求的能力。

欲望，有的人已经没有欲望。欲望不怕多，只怕没有欲望。有了欲望还要有筛选的能力，有的欲望想想就好，有些欲望却可以设定成需求：一定要实现的欲望。

（2）依照自己满足自己需求的能力，评估需求等级的能力。

欲望设定为需求之后，还要进一步评估需求的等级，是否在自己的能力之内。

需求的等级分成以下五种：

①级：一辈子都不可能实现的需求。

②级：一定要别人帮助或出现奇迹（如：中彩票）才可能实现的需求。

③级：若干较长的时间之后，自己晋升某个职级，承接某个角色，放弃某些想法，改变某些生活状态之后，才可能实现的需求。

④级：近期内只要累积某些资源、经验、钱财或能力，就可以实现的需求（包括：存款或支付得起的分期付款）。

⑤级：自己随时都有能力满足自己的需求。

（3）重新设定需求的能力。

筛选欲望设定为需求，评估需求等级与自己能力之后，如果自己能力可以实现的就去执行；如果自己能力无法实现的，就要重新设定需求如下：

①删除上述第一级与第二级需求，或变更该需求为"梦想"。

意即：想想就好，想了就高兴，不必执行。告诉自己——有梦最美。

②修订第三级与第四级需求，或变更该需求为"理想"。

意即：长程或短程的理想，为了实现理想，现在的生活务必付出相当的代价。有能力规划与执行这些代价支付的期程，或修改需求的内容，来缩短期程或缩减支付的代价，理想就会实现而不会变成梦想。

③修订、增订或删除第五级需求，让自己脱离需求无法满足或快速满足的困境。或是"新增"若干数量的第五级需求，立刻满足自己，用以改变不快乐的情境或自我状态。或删除若干数量第五级需求，不让自己沉溺在某些需求的标的物中，而消耗过多的时间、身体或资源，引发偏差或病态行为。

（4）执行的能力。

执行的时候，不能只仗着自己能力足够，就一头栽进去——蛮干，忽略了时间、空间、他人、前后事件与环境因素而遭受挫败。必须注意以下两个要件：

①选择合情、合理、合法的时空与环境条件，满足自己的需求，让自己快乐。

②选择合情、合理、合法的执行方法，满足自己的需求让自己快乐。

（5）维持快乐状态的能力。

成功的执行能力让自己获得满足之后，这个快乐可以维持多久呢？如何让快乐延续更久呢？当事人还要练习以下两种能力：

①延长快乐正向后效的能力。

产出第三种快乐之后，正向迁移到下一个事件。因为前一事件的快乐，所以快乐地执行下一事件。这是一种能力，通过学习，更可以成为一种习惯。

②切断快乐负向后效的能力。

产出第三种快乐之后，随着下一个事件的开始，就立即切断快乐情绪。或者预设下一事件的挫败，而快速终结前一事件的快乐，甚至告诉自己"如果接下来是不快乐，现在愈快乐岂不愈痛苦"，所以"不可以快乐"。这种经验会变成习惯，必然重创所有的快乐。

2. 求助而不求足的认知

第三种快乐，是上天赐予人类最神奇的礼物。

第三种快乐不但具有第一种快乐的内涵——需求的满足，同时又具备第二种快乐的内涵——能力的实现，亦即包容了第一、第二两种快乐，却不必"求人给予"也不必"求人接受",是人世间最美的快乐。

如何在家庭与学校教育中导入学习历程？如何在社会教育中涵盖这种次文化的体验？也就成为当务之急了！

第三种快乐最关键的先导条件是——不求于人，只求于己。

个体必须建构一种观念——自己有能力做到的事，就不去要求别人代劳来满足自己的需求。

亦即，有困难时，出现创伤事件时，可以向人求助。但是，只求（他人协）助，而不（向他人）求（满）足。

第一、第二两种快乐，都容易陷入求足而不求助的困境。

3. 第三种快乐的敌人

第三种快乐最大的敌人就是"懒惰"与"依赖"。

在儿童期如果养成这两种习气，或成年期父母或配偶过度的照顾，都会让人养成错误的习惯——只求于人，不求于己。

这样子的人，就只能享受第一种快乐，而无法享受第二、第三种快乐。但是这种人能够生存，就是身边总是有相对人来满足他。虽然他无法享受第二、第三种快乐，可是却享受着第一种快乐，当然也包括第一种不快乐。

儿童在教养的历程中，父母亲一定要记住下列原则，才不会教养出"只求于人不求于己"的儿童。

- 儿童不会做的，要教到他会做。
- 儿童学不会的，要和他一起做，并寻找专业援助。
- 儿童会做的，一定要让他自己做，不管时间多紧迫或他怎么要求。
- 儿童因为智障、情（绪）障、学（习）障、精（神）障而无法学习的，家长才帮他做。

第三种不快乐：我没有能力满足自己的需求所以我不快乐

第三种快乐是利己行为，俗话说"人不为己，天诛地灭"，问题就在有些人不但不做这种利己的快乐行为，反而故意去做不利己、害己的第三种不快乐：我没有能力满足自己的需求，所以不快乐。

第三种不快乐的三个原因：

1. 需求等级太高，数目太多

个体欲望太大，需求的标的物远非自己能力所及时，就该降低或修改需求的标的物。个体欲望太多，为了满足需求而占满太多时间，以致影响其他生活作息。

2. 高估或低估自我能力与资源

高估自我能力与资源，会诱发强烈的欲望，而设定太高或太多的目标，以致费尽心力后却达不到目标，而引爆强烈的第三种不快乐。

低估自我能力与资源，会削弱各种欲望的产生，而设定太低或太少的目标，成就动机降低，满意水平也降低，甚至认为什么都做不到，什么目标都不敢想。所以，不管出现任何欲望，都会自觉没有能力满足自己，连做都还没去做，只是用想的意念就立刻引发第三种不快乐。

3. 忽视环境的时间与他人因素

自恃能力高强而龙行虎步，也不管别人怎么想，会不会影响别人，碍着别人，时间会不会合适，地方是不是不恰当，想要就立刻要，想做就立刻做，忽视环境与他人因素的结果，往往令当事人错愕并且暴怒。

他会把挫败当作环境或别人故意整他，而出现攻击他人或环境的行为，或者攻击自己：原来是我能力不足，自己差劲却还自以为是，于是"重创自己的自尊与自信"而引发第三种不快乐。

第三种不快乐是最大的灾难，它同时包含了第一种不快乐的内涵——需求不满足，以及第二种不快乐的内涵——没有能力。

需求不满足会否定环境，能力不足会否定自己，否定环境就觉得别人不爱他，否定自己就觉得无法爱别人。双重的不满与不足，将令人找不到存活的理由与价值。

第三种不快乐造成以下的破坏力：

①预期自己没有能力满足自己，而不敢有任何需求。

②自我形象差劲透底，自信心低落，自认"不配"要求任何需求。

③面对急迫性需求或问题时，呈现僵直或呆滞反应，等待别人伸出援手。

④别人愈帮他，他就愈看不起自己；别人愈不帮他，他就愈认为别人看不起他。

⑤陷落到只要别人爱他，却不能爱别人——追求第一种快乐的困境中。

⑥陷落到只要爱某些人，却不能爱自己——追求第二种快乐的困境中。

⑦陷落到无法爱自己，也无法爱别人的困境中，亦即同时陷落在第一种不快乐，第二种不快乐以及第三种不快乐之中。

降低或解除第三种不快乐的方法

想要降低或解除第三种不快乐，可以采用以下六种方法：

①修改需求的标的物，让自己能够满足自己。

②修改需求标的物的等级。

③修改需求满足的水平，从100%执行才会高兴，变更为有做就高兴；从做了才高兴改成说了就高兴；从说了才高兴，改成想了就高兴。

④尽量执行轻易可满足的小需求，让自己常常处于第三种快乐之中。

⑤检核自己现有能力，依自己能力的高低，提出可以满足的需求。

⑥训练与发展自己的能力。

第四种快乐：管理多重复合的快乐

第四种快乐是为了"管理"快乐与不快乐，是先经历不快乐，战胜第四种不快乐，才会获得第四种快乐。第四种快不快乐的判断标准是会不会影响别人快不快乐。战胜四类不快乐的人际互动状态，累积经验、知识、智能与能力，才能获得第四种快乐。

第四种快乐截然不同于前三种快乐：人们追求前三种快乐而挫败，才落入前三种不快乐。前三种快乐几乎都是为了"获得"快乐、"解除"不快乐，前三种快不快乐的判断标准，几乎都在自己身上。

第四种快乐的分类

第四种快乐相对于第四种不快乐，呈现以下四种状态：

(1) 不因为我要快乐，而让别人不快乐。

如果因为我的快乐，而让别人不快乐，我会立刻结束自己的快乐状态。

当我想快乐或正在快乐时，我会注意别人正在快不快乐，以及我的快乐会不会激起别人的不快乐。

(2) 不因为我不快乐，而让别人也不快乐。

如果因为我不快乐，让别人也跟着不快乐，我会立刻结束自己的不快乐。

当我想要不快乐或已经不快乐时，我会注意别人快不快乐，以及我的不快乐，会不会激起别人的不快乐。

（3）不因为别人快乐，而故意让自己不快乐。

如果别人正在快乐，我却出现不快乐的情绪，不管是无意、故意还是其他原因，我都会立刻结束自己的不快乐。

当我不快乐的时候，我会检查是自发性或是反应性（被影响的），并且注意身边的人是否快乐，是否打扰了别人的快乐？

（4）不因为别人不快乐，而让自己不快乐。

如果我发现自己的不快乐，是被别人的不快乐所影响，我会立刻结束自己的不快乐状态。

当我不快乐的时候，我会注意是被别人影响的，还是把别人当借口来借题发挥的。（例：你那死样子，看了就不高兴，什么心情都被你毁了！）

快乐的修正程序

前三种快乐都是"想不想"或"要不要"，第四种快乐是"该不该"。操作该不该快乐，来修正或管理想不想、要不要快乐，显示第四种快乐，是第一、二、三种快乐与不快乐的修正程序。

（1）预期或已经获得一、二、三种快乐，却又预期或发现——自己的快乐将导致别人的不快乐——此时，个体为了"不让别人不快乐"而放弃自己即将或已经获得的快乐。

此时，快不快乐的抉择，不再只是"利己"的自我满足与实现，而在于"利他"的人道精神之操作。为了别人而舍弃自己的第一、二、三种快乐，这是人类文明的重大演进。

（2）个体已经出现第一、二、三种不快乐时，可以评估环境因素，来修正或停止自己的不快乐。

如果别人都在快乐或都想要快乐，我却摆出一副不快乐的臭脸，就好比"坏了一锅粥的老鼠屎"。

为了不当老鼠屎，所以要求（管理或修正）自己停止不快乐——虽然导致不快乐的原因还存在。这种超越环境条件限制的不快乐修正技巧，提供一个原因。"事实就是如此不堪，为什么我不能不快乐？"答案是"我不要当一颗老鼠屎"，这种动机引发了利他行为，这种利他行为终止了个体的不快乐状态。

（3）个体已经出现第一、二、三种不快乐时，也可以为自己的不快乐引发别人的不快乐，或是自己的不快乐导致别人因而不快乐，而停止自己的不快乐。

尽管导致不快乐的原因未变，前者为了"不扫人兴"而不当"老鼠屎"，或者为了"不害人不快乐"而不当"毒药或病毒"。

这两种改变不快乐状态的"动机""原因""价值观"，是个体改变自我不快乐状态的动力所在。否则，个体会滞留在"不快乐又怎样？""我就是已经不快乐呀！""事实上就是不快乐。""不快乐也不可以吗？""为什么不能不快乐呢？""凭什么我必须停止不快乐？"的动机、意念所操控的自我身心状态之中。

渲染的快乐与不快乐

快乐或不快乐也会出现例外，例外于第一、二、三种快乐之外，意即渲染的快乐与不快乐。

不符合第一、二、三快乐的条件，只因为别人快乐，自己也会跟着快乐。也不符合第一、二、三种不快乐的条件，只因为别人不快乐，自己也会跟着不快乐。相对的，自己的快乐或不快乐，也会渲染而影响别人快乐或不快乐。

渲染的快乐与不快乐，是自然发生的常态现象，它就是：第四种快乐与不快乐。

第四种快乐的渲染，包括顺向渲染和逆向渲染两种历程：顺向渲染是我或别人的快乐或不快乐，影响别人或我也快乐或不快乐。逆向渲染是我或别人的快乐或不快乐，导致别人反而不快乐或快乐。

第四种快乐是抑制负向情绪的顺向渲染，也抑制正、负向情绪的逆向渲染。情绪的渲染效应，几乎可以视为本能性反应。

第四种快乐，是人类用智慧来对抗与抑制，近乎本能行为的（一定会出现的）第四种不快乐。

如果只是追求第一、二、三种快乐，人类的集体生活形式与文明的进化，都将成为泡沫幻影。

复合的快乐与不快乐

前三种快不快乐，都是单一的情绪状态、都是二元对立的选择，不是快乐就是不快乐。

第四种快不快乐是复合的情绪状态，快不快乐混在一起同时并存，而且有差异的比例分配，出现几分快乐且几分不快乐的复合状态。

正负向情绪复合比例的相对增减，借着第四种不快乐的本能反应，而成为日常生活中普遍呈现的状态，也成为心理治疗时情绪转换的枢纽。